U0626245

广西自然保护区生物多样性

姑婆山野生植物

（中）

主　编　黄俞淞　林寿珣　吴正南　刘　演

广西科学技术出版社

·南宁·

图书在版编目（CIP）数据

姑婆山野生植物．中 / 黄俞淞等主编． -- 南宁 ：
广西科学技术出版社，2025．2． -- ISBN 978-7-5551
-2194-7

Ⅰ. S759.992.67；Q16

中国国家版本馆 CIP 数据核字第 20254H6V60 号

姑婆山野生植物（中）

黄俞淞　林寿珣　吴正南　刘　演　主编

策　　划：黎志海

责任编辑：韦秋梅　　　　　　　　封面设计：梁　良

责任印制：陆　弟　　　　　　　　责任校对：苏深灿

出 版 人：岑　刚

出版发行：广西科学技术出版社　　地　　址：广西南宁市东葛路 66 号

邮政编码：530023　　　　　　　　网　　址：http://www.gxkjs.com

经　　销：全国各地新华书店

印　　刷：广西民族印刷包装集团有限公司

开　　本：890 mm×1240 mm　1/16

字　　数：735 千字　　　　　　　印　　张：27.5

版　　次：2025 年 2 月第 1 版　　　印　　次：2025 年 2 月第 1 次印刷

书　　号：ISBN 978-7-5551-2194-7

定　　价：268.00 元

版权所有　侵权必究

质量服务承诺：如发现缺页、错页、倒装等印装质量问题，可直接向本社调换。

服务电话：0771-5842790

《姑婆山野生植物》
编委会

主　编：黄俞淞　林寿珣　吴正南　刘　演

副主编：陈文华　麦海森　覃　营　蒙　涛

编　委（按姓氏音序排列）：

陈海玲　陈毅超　陈勇明　胡辛志　黄锡贤

蒋裕良　蒋　芸　李健玲　梁陈民　梁洁洁

梁　媛　梁　综　林春蕊　刘承灵　刘佑灵

刘振学　陆昭岑　罗卫强　马虎生　蒙　琦

牟光福　农素芸　谈银萍　陶源桂　许为斌

赵　晨　邹春玉

编著单位：广西壮族自治区中国科学院广西植物研究所

　　　　　广西贺州市姑婆山林场

　　　　　广西姑婆山自治区级自然保护区管理局

前　言

　　生物多样性是人类生存和发展的基础，也是生态安全和粮食安全的重要保障。党的十八大以来，习近平总书记围绕生态文明建设作出一系列重要论述，我国将生物多样性保护上升为国家战略。2021年10月，中共中央办公厅、国务院办公厅印发了《关于进一步加强生物多样性保护的意见》。翌年5月，中央广西壮族自治区党委办公厅、广西壮族自治区人民政府办公厅也印发了《关于进一步加强生物多样性保护的实施意见》。与此同时，我国正在加快构建以国家公园为主体的自然保护地体系，逐步把自然生态系统最重要、自然景观最独特、自然遗产最精华、生物多样性最富集的区域纳入国家公园体系，为我国乃至全球的生物多样性保护作出重大贡献。

　　广西生物多样性丰富程度仅次于云南、四川，拥有南岭区、桂西黔南石灰岩区、桂西南山地区和南海区4个中国生物多样性保护优先区域，覆盖广西绝大部分的自然保护地。广西还在国家重点保护野生动植物、极小种群野生植物、特有植物等方面积极开展保护行动，生物多样性保护成效显著。广西的生物多样性保护在中国履行《生物多样性公约》中具有重要的作用。然而，目前广西生物多样性资源本底还有待摸清，就植物多样性而言，近20多年来，广西每年有25个以上的植物新种被报道，而被报道的广西新记录种数量更多。因此，继续开展和完善广西生物多样性编目是发挥广西生物多样性总体价值的基础和关键。

　　姑婆山处于南岭地区五岭之一的萌渚岭南端，广西东部贺州市境内，为桂东地区重要的森林资源分布区和水源林涵养地，是贺州市生物多样性最丰富的区域之一。为贯彻落实"绿水青山就是金山银山"理念，彻底摸清姑婆山生物资源本底，广西姑婆山自治区级自然保护区与相关科研院所密切合作，不断加强生物多样性调查力度，在生物资源本底调查、珍稀濒危物种监测及保护对象的保护方面取得了显著成效。为了系统而全面地展示姑婆山新一轮生物资源调查的成果，拟对不同生物资源分别编研出版专著，《姑婆山野生植物》为姑婆山植物物种多样性的阶段性研究成果。

《姑婆山野生植物》分上、中、下3卷，收录包括石松类和蕨类植物、裸子植物、被子植物野生种类。其中，蕨类植物145种，隶属25科63属，主要采用PPGⅠ系统排列；裸子植物8种，隶属5科6属，采用郑万钧系统（1978年）排列；被子植物1213种，隶属154科581属，采用哈钦松系统（1926年和1934年）排列。各科所含属、种均编写检索表，为识别和鉴定提供便利。全书文字简练、图片清晰、物种鉴定准确，每种植物附有中文名称、别名、科名、属名、学名、简要的形态特征、分布及用途等信息。

本书在编著过程中得到广西贺州生态环境和生物多样性项目、广西贺州市姑婆山林场珍稀濒危野生植物科学研究与宣传教育项目、国家自然科学基金项目（32160050）、广西植物功能物质与资源持续利用重点实验室、广西喀斯特植物保育与恢复生态学重点实验室等的资助；在野外调查和标本鉴定过程中，得到广西壮族自治区药用植物园、广西壮族自治区中医药研究院、中国科学院华南植物园、中国科学院植物研究所、中国科学院昆明植物研究所等单位的大力支持，在此谨致以衷心感谢！

本书的出版将为姑婆山生物多样性的保护与可持续利用提供基础资料，可供植物学、林学、农学、生态学等科研工作者，以及高等院校师生和植物爱好者参考使用。对书中错漏之处，敬请读者批评指正。

编著者

2023年10月

目 录

各论

各论·被子植物

Angiospermae

古柯科 **Erythroxylaceae**

本科有2属约250种，分布于热带、亚热带地区，主产于南美洲。我国有1属，即古柯属 *Erythroxylum*，共2种；姑婆山有1种。

东方古柯
Erythroxylum sinense C. Y. Wu

灌木或小乔木。小枝无毛。叶片纸质，基部狭楔形，中部以上较宽。花腋生，单生或2～7朵簇生于极短的总花梗上；萼片5枚，基部合生成浅杯状，萼裂片深裂；花瓣卵状长圆形，内面有2枚舌状体贴生在基部；雄蕊10枚，基部合生成浅杯状；花柱3枚，分离。核果长圆形，有3条纵棱，稍弯。花期4～5月，果期5～10月。

生于山坡、沟谷、路旁；常见。 叶入药，具有提神、强身、局部麻醉的功效；根入药，可用于治疗腹痛、跌打损伤。

大戟科 Euphorbiaceae

本科有322属约8910种，广泛分布于全球，主要分布于热带、亚热带地区，很少分布到温带地区。我国有75属约406种；广西有52属232种；姑婆山有13属29种1变种，其中3种为栽培种。

分属检索表

1. 植物体具白色乳汁；花无被……………………………………………………………大戟属 *Euphorbia*
1. 植物体无白色乳汁；花有被。
  2. 子房每室具2颗胚珠。
    3. 雌花具花盘或腺体。
      4. 子房1～2室……………………………………………………………五月茶属 *Antidesma*
      4. 子房3室或更多。
        5. 雄花具不育雄蕊；果实熟时为白色或淡红褐色……………白饭树属 *Flueggea*
        5. 雄花无不育雄蕊；果实熟时不为白色和淡红褐色……………叶下珠属 *Phyllanthus*
    3. 雌花无花盘和腺体……………………………………………………算盘子属 *Glochidion*
  2. 子房每室具1颗胚珠。
    6. 雌雄花均有花瓣……………………………………………………………油桐属 *Vernicia*
    6. 雌花无花瓣（在巴豆属中有时具退化呈丝状的花瓣）。
      7. 雄花具花盘和腺体……………………………………………………巴豆属 *Croton*
      7. 雌花、雄花均无花盘。
        8. 花药4室………………………………………………………铁苋菜属 *Acalypha*
        8. 花药2室。
          9. 植株无星状毛。
            10. 雄蕊2～3枚……………………………………………乌桕属 *Sapium*
            10. 雄蕊4枚以上。
              11. 雄蕊8枚……………………………………………山麻杆属 *Alchornea*
              11. 雄蕊16枚或更多。
                12. 药室合生……………………………………野桐属 *Mallotus*
                12. 药室彼此分离……………………………………白桐树属 *Claoxylon*
          9. 植株具星状毛……………………………………………………野桐属 *Mallotus*

铁苋菜属 *Acalypha* L.

本属约有450种，广泛分布于热带、亚热带地区。我国有17种；广西有10种；姑婆山有1种。

铁苋菜 海蚌含珠、人苋

Acalypha australis L.

一年生草本，多分枝。叶片长卵形、近菱状卵形或阔披针形。雌雄花同序，雄花在上，雌花在下，2～3朵生于叶状苞片内；花柱羽裂到基部；雌花苞片特殊，开放时为肾形，而合拢时为蚌壳状，其中藏有果实，故有"海蚌含珠"之名。花果期4～12月。

生于山坡、路旁；少见。全草或地上部分入药，具有清热解毒、利水、化痰止咳、杀虫、收敛止血的功效。

大戟科 Euphorbiaceae

山麻杆属 *Alchornea* Sw.

本属约有50种，分布于热带、亚热带地区。我国有8种；广西有4种；姑婆山有1种。

红背山麻杆 红背娘

Alchornea trewioides（Benth.）Mull. Arg.

灌木。小枝被灰色微柔毛，后变无毛。叶片薄纸质，阔卵形，背面暗红色，基出脉3条，基部有5个红色腺体和2个线状附属体。花雌雄异株；雌花序顶生；雄花序腋生且为总状花序。蒴果球形，被灰色柔毛。种子扁卵状，种皮浅褐色，具瘤体。花期3～6月，果期9～10月。

生于山坡林下或林缘灌木丛中；常见。 茎、皮纤维可作造纸原料；叶可作绿肥；根入药，具有除湿解毒、止血的功效。

五月茶属 *Antidesma* L.

本属约有100种，广泛分布于东半球热带地区。我国有11种；广西有7种；姑婆山有1种1变种。

分种检索表

1. 叶片背面被短柔毛⋯⋯⋯⋯⋯⋯⋯⋯⋯⋯⋯**小叶五月茶** *A. montanum* var. *microphyllum*

1. 叶片背面仅中脉上被毛⋯⋯⋯⋯⋯⋯⋯⋯⋯⋯⋯⋯⋯⋯⋯**日本五月茶** *A. japonicum*

日本五月茶　禾串果

Antidesma japonicum Sieb. et Zucc.

　　乔木或灌木。小枝初时被短柔毛，后变无毛。叶片纸质至近革质，椭圆形、长椭圆形至长圆状披针形，稀倒卵形，先端通常尾状渐尖，有小尖头，基部楔形、钝或圆，侧脉每边5～10条；叶柄被短柔毛至无毛。总状花序顶生，长达10 cm，不分枝或有少数分枝；子房卵圆形，无毛；花柱顶生，柱头2～3裂。核果椭圆形，长5～6 mm。花期4～6月，果期7～9月。

　　生于山坡林下、路旁；常见。　热带、亚热带森林中常见树种；种子含油量达48%；全株入药，具有祛风湿的功效；叶、根入药，具有止泻、生津的功效。

大戟科 Euphorbiaceae

小叶五月茶

Antidesma montanum var. *microphyllum* （Hemsl.） Petra Hoffm.

灌木。除幼枝、叶背、中脉、叶柄、托叶、花序及苞片被疏短柔毛或微毛外，其余无毛。叶片狭披针形或狭长圆状椭圆形，先端钝或渐尖，基部宽楔形或钝，边缘干后反卷，侧脉每边6～9条，弯拱斜升，至叶缘前连结；叶柄长3～5 mm。总状花序单个或2～3个聚生于枝顶或叶腋内；退化雌蕊棍棒状，与花盘等高；雌花花梗长1～1.5 mm；花柱3～4枚，顶生。核果卵圆状，红色，熟时紫黑色，顶端常宿存有花柱。花期5～6月，果期6～11月。

生于山坡或谷地疏林中；少见。 根、叶入药，具有收敛止泻、生津、止渴、行气活血的功效；全株入药，具有祛风寒、止吐血的功效。

白桐树属 *Claoxylon* A. Juss.

本属约有90种，分布于东半球热带地区。我国有5种；广西有3种；姑婆山有1种。

白桐树

Claoxylon indicum（Reinw. ex Bl.）Hassk.

小乔木或灌木。嫩枝被灰色短茸毛。叶片通常卵形或卵圆形，先端钝或急尖，基部楔形、圆钝或稍偏斜，两面均被疏毛，边缘具不规则的小齿或锯齿；叶柄顶部具2个小腺体。雌雄异株，花序各部均被茸毛，苞片三角形；雄花序长10～30 cm；雌花序长5～20 cm；子房被茸毛，花柱3枚，具羽状突起。蒴果具3个分果爿，脊线突起，被灰色短茸毛。花果期3～12月。

生于山坡密林中；少见。 根、叶入药，具有祛风除湿、消肿止痛的功效。

大戟科 Euphorbiaceae

巴豆属 *Croton* L.

本属约有1300种，广泛分布于热带、亚热带地区。我国约有24种；广西有10种；姑婆山有1种。

毛果巴豆 细叶双眼龙、小叶双眼龙
Croton lachnocarpus Benth.

灌木，高1～3 m。幼枝、幼叶、花序和果均密被星状毛。叶片长圆形或椭圆状卵形，稀长圆状披针形，基部近圆形或微心形，边缘具不明显细钝齿，齿间常有具柄腺体；老叶背面密被星状毛，基部或叶柄顶端有2个具柄腺体。总状花序顶生。蒴果扁球形，被毛。花期4～5月，果期6～9月。

生于路旁、山坡林下；常见。 根、叶入药，具有解毒止痛、祛风除湿、散瘀消肿的功效。

大戟属 *Euphorbia* L.

本属约有2000种，是被子植物中特大属之一，遍布世界各地，其中非洲和中南美洲较多。我国约有80种；广西有27种；姑婆山有7种，其中2种为栽培种。

分种检索表

1. 匍匐或披散草本；叶基偏斜。
  2. 叶长不超过1 cm；一年生匍匐小草本 ························ 千根草 *E. thymifolia*
  2. 叶长超过1 cm；披散状草本。
    3. 叶片被较密的粗毛；蒴果具毛 ··························· 飞扬草 *E. hirta*
    3. 叶片两面被稀疏的柔毛；蒴果无毛 ················· 通奶草 *E. hypericifolia*
1. 直立草本；叶基不偏斜。
  4. 腺体两端无角 ·· 大戟 *E. pekinensis*
  4. 腺体两端具角 ·· 乳浆大戟 *E. esula*

乳浆大戟 松叶乳汁大戟、猫眼草
Euphorbia esula L.

多年生草本。茎单生或丛生。叶片线形至卵形，变化极不稳定；总苞叶与茎生叶同形，苞叶常为肾形。花序单生于二歧分枝的顶端；总苞钟状，具腺体4个，两端具角；雄花多朵；雌花1朵。蒴果三棱状球形，熟时分裂为3个分果爿。种子卵球状，种阜盾状，无柄。花果期4～10月。

生于山坡、路旁、沟谷林下；少见。 种子含油量达30％，工业用；全草入药，具有利尿消肿、拔毒止痒的功效。

大戟科 Euphorbiaceae

飞扬草 大飞扬、奶母草、奶汁草
Euphorbia hirta L.

　　一年生草本。茎单一，自中部向上分枝或不分枝，被褐色或黄褐色的粗硬毛。叶对生；叶片先端极尖或钝，基部略偏斜，边缘于中部以上有细齿。花序多数，于叶腋处密集成头状，基部近无梗。蒴果三棱状，被短柔毛，熟时分裂为3个分果爿。花果期6～12月。

　　生于路旁、山坡、沟谷林下；常见。 外来入侵种；全草入药，具有抗菌收敛、利尿消肿、镇痛止痒的功效。

大戟　上莲下柳、京大戟
Euphorbia pekinensis Rupr.

　　多年生草本。茎单生或自基部多分枝。叶片常椭圆形，少披针形或披针状椭圆形，变异大；总苞叶4～7枚，小苞叶2枚。花序单生于二歧分枝顶端，无柄；总苞杯状，边缘4裂，腺体4个，半圆形或肾状圆形。蒴果球状，被稀疏的瘤状突起，熟时分裂为3个分果爿。花期5～8月，果期6～9月。

　　生于山坡林下或林缘灌木丛中；常见。　根有毒，具有利尿通便、消肿散结的功效；全株作兽药，可用于治疗疔疮、便秘；根作农药，可杀斜纹夜蛾。

大戟科 Euphorbiaceae

千根草

Euphorbia thymifolia L.

一年生小草本。茎匍匐，全株被稀疏柔毛。叶对生；叶片椭圆形或倒卵形，基部不对称，边缘有细齿，边缘稀全缘，两面常被稀疏柔毛，稀无毛。花小；花序单生或数个簇生于叶腋；总苞狭钟状至陀螺状；腺体4个，被白色附属物。蒴果卵状三棱形，被短柔毛。种子长卵状四棱形，暗红色，每个棱面具4～5条横沟。花果期6～11月。

生于山坡、路旁；常见。 全草入药，具有清热利湿、收敛止痒的功效，可用于治疗菌痢、肠炎、腹泻等。

白饭树属 *Flueggea* Willd.

本属有13种，分布于亚洲、美洲、欧洲及非洲的热带至温带地区。我国有4种；广西有2种；姑婆山有1种。

一叶萩　白几木
Flueggea suffruticosa（Pall.）Baill.

灌木。叶片纸质，椭圆形或长椭圆形，稀倒卵形。花小，雌雄异株，簇生于叶腋。蒴果三棱状扁球形，直径约5 mm，熟时淡红褐色，有网纹，3片裂；果梗长2～15 mm，基部常有宿存的萼片。种子卵形而侧扁压状，褐色，具小疣状突起。花期3～8月，果期6～11月。

生于沟谷、路旁；少见。 茎皮纤维坚韧，可作纺织原料；根皮煮水，外洗可治牛、马虱子为害；花、叶入药，对中枢神经系统有兴奋作用，可用于治疗面部神经麻痹、小儿麻痹后遗症、神经衰弱、嗜睡症等。

大戟科 Euphorbiaceae

算盘子属 *Glochidion* J. R. Forst. et G. Forst.

本属约有200种，主要分布于亚洲、太平洋群岛的热带地区，某些种生于美洲和非洲的热带地区。我国有28种；广西有14种；姑婆山有3种。

分种检索表

1. 叶片两面被长柔毛，基部两侧对称或稍不对称······················**毛果算盘子** *G. eriocarpum*
1. 叶片腹面仅中脉被疏短柔毛或几无毛，背面密被短柔毛或微柔毛，基部两侧不对称。
  2. 叶背面绿色；蒴果直径8～15 cm······················**算盘子** *G. puberum*
  2. 叶背面灰白色；蒴果直径7～8 cm······················**里白算盘子** *G. triandrum*

毛果算盘子 漆大姑、米烟木

Glochidion eriocarpum Champ. ex Benth.

灌木。枝条、叶柄、叶片两面、花序和果密被锈黄色长柔毛。叶片较小，纸质，卵形或狭卵形。花单生或2～4朵簇生于叶腋内；雌花生于小枝上部，雄花则生于下部。蒴果扁球状，具4～5条纵沟，顶端具圆柱状稍伸长的宿存花柱。花果期全年。

生于路旁、山坡密林下；常见。 根、叶入药，具有收敛止泻、祛湿止痒、解漆毒的功效。

算盘子 红毛馒头果

Glochidion puberum（L.）Hutch.

　　直立灌木。小枝、叶背、花序和果均密被短柔毛。叶片长圆状披针形或长圆形，基部楔形，背面粉绿色。花小，雌雄同株或异株，2～4朵簇生于叶腋内；雌花生于小枝上部，雄花则生于下部。蒴果扁球状，具8～10条纵沟，熟时带红色。花期4～8月，果期7～11月。

　　生于山坡疏林中或林缘灌木丛中；常见。 根或全株入药，具有清热消滞、活血、止泻的功效；种子油可制肥皂、固化油或机械润滑油；叶可作农药，治螟虫、蚜虫、菜虫和蝇蛆；为酸性土壤指示植物。

大戟科 Euphorbiaceae

里白算盘子

Glochidion triandrum （Blanco）C. B. Rob.

灌木或小乔木。叶片纸质或膜质，长椭圆形或披针形。花5～6朵簇生于叶腋内，雌花生于小枝上部，雄花生于下部。蒴果扁球状，直径5～7 mm，有8～10条纵沟，被疏柔毛，顶端常有宿存的花柱，基部萼片宿存；种子三角形，熟时褐红色，有光泽。花期3～7月，果期7～12月。

生于路旁、山坡疏林下；常见。

野桐属 *Mallotus* Lour.

本属约有150种，主要分布于亚洲的热带、亚热带地区。我国有28种；广西有27种；姑婆山有6种。

分种检索表

1. 果无皮刺。
　　2. 小乔木或直立灌木；果红色······粗糠柴 *M. philippensis*
　　2. 攀缘状灌木；果黄色······石岩枫 *M. repandus*
1. 果具皮刺，绿色或淡黄色。
　　3. 叶片盾状着生······毛桐 *M. barbatus*
　　3. 叶片非盾状着生。
　　　　4. 蒴果密被线形的软刺；叶片边缘有疏齿······白背叶 *M. apelta*
　　　　4. 蒴果被稀疏、粗短的软刺；叶片边缘全缘或具锯齿。
　　　　　　5. 叶片边缘具齿；果小，直径4～5 mm······小果野桐 *M. microcarpus*
　　　　　　5. 叶片边缘全缘；果大，直径8～10 mm······野桐 *M. tenuifolius*

白背叶　白背桐、吊粟

Mallotus apelta（Lour.）Müll. Arg.

灌木或小乔木，高1～4 m。小枝、叶柄和花序均密被淡黄色星状柔毛和散生橙黄色颗粒状腺体。叶互生；叶片卵形或阔卵形。花雌雄异株，雄花序为开展的圆锥花序或穗状，雌花序穗状。蒴果近球形，密生，被灰白色星状毛的软刺。种子近球形，具皱纹。花期6～9月，果期8～11月。

生于路旁、山坡、沟谷林下；常见。 叶入药，具有清热解毒、利湿止痛、消炎止血的功效；根入药，具有清热利湿、收敛固脱、活血消肿、健脾利肝的功效；茎皮入药，具有清热解毒、消肿逐水的功效。

大戟科 Euphorbiaceae

小果野桐　小果白桐

Mallotus microcarpus Pax et Hoffm.

　　灌木。叶互生，稀近对生；叶片纸质，卵形或卵状三角形。花雌雄同株或异株；总状花序1～2个顶生或腋生，被黄色微柔毛。蒴果扁球形，钝三棱，具3个分果爿，疏生粗短软刺和密生灰白色长柔毛，散生橙黄色颗粒状腺体。种子卵形，成熟时灰黑色。花期4～7月，果期8～10月。

　　生于路旁；常见。

小果野桐　小果白桐

Mallotus microcarpus Pax et Hoffm.

粗糠柴 铁面将军、将军树
Mallotus philippensis（Lam.）Müll. Arg.

小乔木或灌木。小枝、嫩叶和花序均密被黄褐色星状柔毛。叶片卵形、长圆形或卵状披针形；叶脉上具长柔毛，散生红色颗粒状腺体。花雌雄异株；总状花序顶生或腋生，单生或数个簇生。蒴果扁球形，密被红色颗粒状腺体和粉末状毛。花期4～5月，果期5～8月。

生于路旁、山坡、沟谷密林下；常见。果的红色腺点可作红色染料，入药可驱虫；根入药，具有清热利湿的功效；茎内皮入药，具有收敛止泻、止血生肌、止腹痛的功效；种子油可用于制皂及润滑油。

大戟科 Euphorbiaceae

叶下珠属 *Phyllanthus* L.

本属有750～800种，主要分布于热带、亚热带地区，少数分布于北温带地区。我国有32种；广西有17种；姑婆山有2种。

分种检索表

1. 叶片无毛；花丝离生··黄珠子草 *P. virgatus*
1. 叶片背面近边缘处有毛；花丝全部合生成柱状··························叶下珠 *P. urinaria*

叶下珠

Phyllanthus urinaria L.

一年生草本，高约30 cm。叶片纸质，长圆形或倒卵形，因叶柄扭转而呈羽状排列。雄花2～4朵簇生于叶腋；雌花单生于小枝中下部的叶腋内。蒴果无柄，近圆形，叶下2列着生，熟时赤褐色，表面有小鳞状突起物，呈一列珠状，故名"叶下珠"。花期6～8月，果期9～10月。

生于山坡疏林下、路旁、灌木丛中；常见。 全株入药，具有平肝消积、清热解毒、明目渗湿、利水利湿的功效；外用可治青竹蛇咬伤。

黄珠子草

Phyllanthus virgatus G. Forst.

　　一年生草本，高达60 cm。枝条通常自茎基部发出，上部扁平而具棱，全株无毛。叶片线状披针形、长圆形或狭椭圆形，有小尖头，基部圆而稍偏斜，几无柄。通常2～4朵雄花和1朵雌花同簇生于叶腋。蒴果扁球形，直径2～3 mm，熟时紫红色，有鳞片状突起。花期4～5月，果期6～11月。

　　生于山坡、路旁；常见。全株入药，具有清热散结、补脾胃、消食退翳的功效，可用于治疗小儿疳积；根可用于治疗乳房脓肿、乳腺炎等。

乌桕属 *Triadica* Lour.

本属约有120种，广泛分布于全球，但主产于热带地区，尤以南美洲最多。我国有9种；广西有6种；姑婆山有2种。

分种检索表

1. 叶片菱形·······················乌桕 *T. sebiferum*
1. 叶片椭圆形或长卵形·················山乌桕 *T. cochinchinensis*

山乌桕 红乌桕

Triadica cochinchinensis Lour.

乔木或灌木。叶片椭圆形或长卵形，背面近边缘常有数个圆形腺体；叶柄顶端具2个毗连的腺体。花单性，雌雄同株，密集成顶生总状花序；雌花生于花序轴下部，雄花生于花序轴上部，有时整个花序全为雄花。蒴果熟时黑色，球形。种子近球形，外面薄被蜡质的假种皮。花期4～6月，果期7～10月。

生于山坡、路旁、沟谷林下；常见。 种子含油量约20%，油可制肥皂、蜡烛；根皮、树皮入药，具有利尿通便、祛瘀消肿的功效；叶入药，可用于治疗毒蛇咬伤、痈肿、妇女乳痈。

乌桕

Triadica sebiferum（L.）Small

乔木，高可达15 m。叶互生；叶片纸质，菱形、菱状卵形或稀有菱状倒卵形，先端骤然紧缩，具长短不等的尖头；叶柄顶端具2个腺体。花单性，雌雄同株，聚集成顶生总状花序。蒴果梨状球形，熟时黑色，具3粒种子，分果爿脱落而中轴宿存。种子扁球形，黑色。花期4～8月，果期9～12月。

生于山坡林缘或沟谷林下；常见。 种子的蜡质层假种皮俗称"皮油"或"桕蜡"，可制蜡烛、肥皂、硬脂酸和油酸；去蜡质层的种皮所榨的油称"桕油"或"梓油"，可作油漆、油酸、润滑油、油墨、化妆品、蜡纸、皮肤防裂油和药膏的原料，但含毒素，不能食用；树冠夏日浓绿，秋日叶变红，可做绿化树和行道树。

大戟科 Euphorbiaceae

油桐属 *Vernicia* Lour.

本属有3种，分布于亚洲东部。我国有2种；广西姑婆山2种均产。

分种检索表

1. 叶片边缘通常全缘；果无棱，平滑 ·· 油桐 *V. fordii*
1. 叶片边缘通常2～5浅裂；果具3条纵棱，有皱纹 ·································· 木油桐 *V. montana*

油桐 桐油树、桐子树、罂子桐
Vernicia fordii（Hemsl.）Airy Shaw

　　落叶乔木。树皮灰色，近光滑，枝条具明显皮孔。叶片卵形或阔卵形；叶柄顶端有2个盘状、无柄的红色腺体。花雌雄同株，先叶或与叶同时开放；花瓣白色，基部有淡红色斑纹。核果球形或扁球形，光滑，具种子3～5粒。种子扁球形，种皮木质。花期3～4月，果期8～9月。

　　生于路旁、山坡密林下；常见。　果皮可制活性炭或提取碳酸钾；种子入药，具有吐风痰、消肿毒、利尿通便的功效。

木油桐 皱果桐
Vernicia montana Lour.

落叶乔木。枝条无毛，散生突起皮孔。叶片阔卵形，先端短尖至渐尖，基部心形至截平，边缘全缘或2～5裂，掌状脉5条；叶柄长7～17 cm，无毛，顶端有2个具柄的杯状腺体。雌雄异株或有时同株异序；花萼无毛，2～3裂；花瓣白色，或基部紫红色且有紫红色脉纹。核果卵球状，具3条纵棱，棱间有粗疏网状皱纹。花期4～5月，果期7～10月。

生于山坡密林或林缘；常见。果皮可制活性炭或提取碳酸钾；根、叶、果实入药，具有杀虫止痒、拔毒生肌的功效；外用治痈疮肿毒、湿疹。

虎皮楠科 Daphniphyllaceae

本科有1属，即虎皮楠属 *Daphniphyllum*，共25～30种，分布于亚洲东南部。我国有10种；广西有6种；姑婆山有2种。

分种检索表

1. 叶片阔椭圆形或倒卵形；果时花萼明显宿存……………………………………牛耳枫 *D. calycinum*
1. 叶片披针形至倒卵状披针形；无宿存萼片或多少残存…………………………虎皮楠 *D. oldhamii*

牛耳枫

Daphniphyllum calycinum Benth.

灌木，高1.5～4 m。叶片纸质，阔椭圆形或倒卵形，先端钝或圆形，具短尖头，基部阔楔形，干后两面绿色，腹面具光泽，背面多少被白色粉霜，具细小乳突体；侧脉8～11对，在腹面清晰，在背面突起。总状花序腋生，长2～3 cm。果卵圆形，被白色粉霜，具小疣状突起，顶端具宿存柱头，基部具宿萼。花期4～6月，果期8～11月。

生于灌木丛、疏林中；常见。全株有毒，入药具有清热解毒、活血舒筋的功效；外用治跌打肿痛、骨折、毒蛇咬伤、疮疡肿毒、乳腺炎、皮炎、无名肿毒等。

虎皮楠

Daphniphyllum oldhamii（Hemsl.）K. Rosenth.

乔木或灌木。叶片纸质，披针形至倒卵状披针形，通常为倒卵形和椭圆形。花雌雄异株；雄花花序长2～4 cm；雌花花序长4～6 cm。果倒卵形或椭圆形，表面有不明显的疣状突起；顶端具外弯或拳卷的宿存柱头，基部无或有宿存萼片。花期4月前后，果期8～11月。

生于山坡、路旁、沟谷林下；少见。 根、叶入药，具有清热解毒、活血散瘀的功效。

鼠刺科 **Iteaceae**

本科有23属约350种，分布于东亚热带、亚热带地区及北美洲。我国有3属75种；广西有2属15种；姑婆山有1属4种。

鼠刺属 *Itea* L.

本属有27种，主要分布于东南亚至中国和日本，仅1种产于北美洲。我国有15种；广西有14种；姑婆山有4种。

分种检索表

1. 叶片边缘近全缘或上部边缘具不明显的圆齿 ·· 鼠刺 *I. chinensis*
1. 叶片边缘具锯齿。
  2. 花序顶生 ··· 河岸鼠刺 *I. riparia*
  2. 花序腋生。
    3. 叶柄较短，长1～1.5 cm；总状花序腋生，单生或2～3个簇生 ··········· 峨眉鼠刺 *I. omeiensis*
    3. 叶柄较长，长1.5～2.5 cm；总状花序腋生，或稀兼顶生、单生 ··········· 厚叶鼠刺 *I. coriacea*

鼠刺 老鼠刺

Itea chinensis Hook. et Arn.

灌木或小乔木，高1～15 m。叶片倒卵形或椭圆形，无毛；基部楔形或有时近圆形，边缘上部具疏而不明显的圆齿，侧脉每边约5条。总状花序腋生，被微柔毛。蒴果长圆状披针形，长6～9 mm，被微毛，具纵条纹。花期4～5月，果期10～12月。

生于林缘、沟谷、路旁；常见。 根、叶入药，具有活血消肿、止痛的功效；花入药，具有滋补强身的功效。

峨眉鼠刺

Itea omeiensis C. K. Schneider

　　灌木或小乔木。幼枝黄绿色，无毛。叶片薄革质，长圆形，稀椭圆形，先端尾状尖或渐尖，基部圆形或钝，边缘有极明显的密集细齿，近基部近全缘，两面无毛，侧脉5～7对，在叶缘处弯曲和连接；叶柄长1～1.5 cm，粗壮，无毛。总状花序腋生，通常长于叶，单生或2～3个簇生，直立；花瓣白色；子房上位，密被长柔毛。蒴果长6～9 mm，被柔毛。花期3～5月，果期6～12月。

　　生于路旁、沟谷、山坡密林下；常见。　根、叶、花入药，具有滋补强身、止咳、消肿、接骨的功效，根可用于治疗体虚、劳伤乏力、咳嗽、咽喉痛、跌打损伤、骨折、带下病、产后关节痛、腰痛，叶可用于外伤止血，花可用于治疗咽喉痛。

鼠刺科 Iteaceae

河岸鼠刺 锥花鼠刺

Itea riparia Collett et Hemsl.

　　灌木。小枝挺直，无毛，黄绿色，具纵条纹。叶片薄革质，通常在枝端密集，近簇生，倒卵状长椭圆形、椭圆形至披针形，基部楔形，边缘有内弯的软骨质腺齿，两面均无毛。总状花序顶生，通常长于叶；花瓣白色，三角状披针形。蒴果卵状锥形，无毛。花果期5月至翌年2月。

　　生于山坡、路旁；少见。

河岸鼠刺 锥花鼠刺

Itea riparia Collett et Hemsl.

绣球花科 Hydrangeaceae

　　本科有17属约220种，分布于亚洲、欧洲、美洲、太平洋岛屿的温带和亚热带地区。我国有10属100多种；广西有8属32种；姑婆山有3属5种，其中1种为栽培种。

分属检索表

1. 攀缘植物；花柱1枚······**冠盖藤属** *Pileostegia*
1. 灌木或半灌木；花柱2～6枚。
　2. 花全部为可孕花；萼片不扩大······**常山属** *Dichroa*
　2. 花有可孕花和不孕花；萼片扩大成花瓣状······**绣球属** *Hydrangea*

常山属 *Dichroa* Lour.

　　本属有12种，主要分布于亚洲东南部。我国有6种；广西有4种；姑婆山有2种。

分种检索表

1. 植株无毛······**常山** *D. febrifuga*
1. 嫩枝、叶及花序密被柔毛······**硬毛常山** *D. hirsuta*

常山　黄常山、鸡骨常山
Dichroa febrifuga Lour.

　　灌木，高1～2 m。小枝、叶柄和叶无毛或被微柔毛。叶片椭圆形、椭圆状长圆形或披针形，两端渐尖，边缘具锯齿。伞房状圆锥花序顶生，有时叶腋有侧生花序；花蓝色或白色。浆果熟时蓝色，干时黑色。种子长约1 mm，表面具网纹。花期2～4月，果期5～8月。

　　生于山坡林下、路旁；常见。根、茎、叶有小毒，入药具有截疟、催吐和解热的功效；叶煎液作农药可杀地老虎等害虫。

绣球花科 Hydrangeaceae

硬毛常山

Dichroa hirsuta Gagnep.

灌木。小枝、叶柄、叶脉和花序均被微细皱卷短柔毛和长粗毛。叶片披针形或椭圆状披针形。聚伞状圆锥花序，分枝密聚；花萼倒圆锥形或披针形，被长粗毛；花瓣5片，卵状披针形，外面无毛或疏被毛；雄蕊10～12枚；子房被长粗毛。果稍干燥，被长粗毛。花期4～5月，果期7～10月。

生于山坡林下、路旁；常见。

绣球属 *Hydrangea* L.

本属约有70种，分布于北半球的温带地区。我国有45种；广西有17种；姑婆山有2种，其中1种为栽培种。

圆锥绣球 水亚木
Hydrangea paniculata Sieb.

灌木或小乔木。叶片纸质，2～3片对生或轮生，卵形或椭圆形，先端渐尖或急尖，具短尖头，基部圆形或阔楔形，边缘有密集稍内弯的小齿，腹面无毛或有稀疏糙伏毛，背面于叶脉和侧脉上被紧贴长柔毛。圆锥状聚伞花序尖塔形，序轴及分枝密被短柔毛；不育花白色；孕性花萼筒陀螺状；子房半下位，花柱3枚，钻状。蒴果椭圆形，顶端突出部分圆锥形，长约等于萼筒。花期7～8月，果期10～11月。

生于山谷、山坡疏林下或山脊灌木丛中；少见。 全株含黏液，可作糊料；花入药，具有祛湿、破血的功效；全株入药，具有清热、抗疟的功效；根入药，具有截疟退热、消积和中、散结解毒、驱邪杀虫的功效。

绣球花科 Hydrangeaceae

冠盖藤属 *Pileostegia* Hook. f. et Thomson

本属有3种，分布于亚洲东南部。我国有2种；广西2种均产；姑婆山有1种。

冠盖藤

Pileostegia viburnoides Hook. f. et Thomson

常绿攀缘状灌木。叶对生；叶片薄革质，椭圆状倒披针形或长椭圆形，边缘全缘或稍波状，常稍背卷，有时近先端有稀疏蜿蜒状齿缺。伞房状圆锥花序顶生，苞片和小苞片线状披针形，褐色；花白色，花瓣卵形。蒴果圆锥形，具宿存花柱和柱头。花期7～8月，果期9～12月。

生于路旁、山坡、山谷密林下；常见。根、藤、叶、花入药，具有祛风除湿、止痛、补肾、接骨、活血散瘀、消肿解毒的功效。

蔷薇科 Rosaceae

本科有95～125属2825～3500种，广泛分布于全球，以北温带地区最多。我国约有55属950种；广西有32属237种；姑婆山有18属40种1变种，其中2属5种为栽培种属。

分属检索表

1. 果不开裂。
  2. 果为梨果；子房下位或半下位。
    3. 常绿乔木或灌木；叶为单叶。
      4. 子房半下位。
        5. 果开裂成5瓣；心皮5个·······························**红果树属** *Stranvaesia*
        5. 果不开裂；心皮常2个······························**石楠属** *Photinia*
      4. 子房下位。
        6. 果期无宿存萼裂片·······························**石斑木属** *Rhaphiolepis*
        6. 果期有宿存萼裂片·······························**枇杷属** *Eriobotrya*
    3. 落叶乔木；叶为单叶或复叶。
      7. 花组成顶生的复伞形花序·······················**花楸属** *Sorbus*
      7. 花组成伞形总状花序。
        8. 花柱基部合生；果实多无石细胞·················**苹果属** *Malus*
        8. 花柱离生；果实常有多数石细胞·················**梨属** *Pyrus*
  2. 果实为核果或瘦果；子房上位。
    9. 瘦果；心皮多数。
      10. 草本植物。
        11. 小叶3～5片·······························**蛇莓属** *Duchesnea*
        11. 小叶多数。
          12. 直立草本·······························**龙芽草属** *Agrimonia*
          12. 匍匐草本·······························**委陵菜属** *Potentilla*
      10. 木本植物。
        13. 瘦果多数，生于花托上，组成聚合果·············**悬钩子属** *Rubus*
        13. 瘦果多数，生于花托内，组成蔷薇果·············**蔷薇属** *Rosa*
    9. 核果。
      14. 叶常绿；花数朵组成伞形花序·················**桂樱属** *Lauro-cerasus*
      14. 叶凋落；花数朵组成总状花序·················**樱属** *Cerasus*
1. 果实为开裂的蓇葖果。
  15. 蓇葖果藏于宿存萼筒内，成熟时沿腹缝线开裂·············**绣线梅属** *Neillia*
  15. 蓇葖果偏斜，熟时自基部开裂·······················**小米空木属** *Stephanandra*

蔷薇科 Rosaceae

龙芽草属 *Agrimonia* L.

本属约有10种，分布于北温带和热带高山地区及拉丁美洲。我国有4种；广西有3种；姑婆山有1种。

龙芽草 救荒本草

Agrimonia pilosa Ledeb.

多年生直立草木。根常呈块茎状，周围长出若干侧根；根茎短，基部常有1个至数个地下芽。奇数羽状复叶；小叶倒卵形，边缘有锐齿或裂片，两面被毛且有腺点。花序穗状总状顶生；花瓣黄色，长圆形。瘦果倒圆锥形，表面有10条肋，顶端具钩刺。花果期5～12月。

生于山坡、林缘灌草丛中；常见。 地上部分入药，具有收敛止血、截疟、止痢、解毒的功效。

樱属 *Cerasus* Mill.

本属约有150种，分布于北半球温带地区，亚洲、欧洲及北美洲均有记录。我国有44种；广西有9种；姑婆山有1种。

钟花樱桃　福建樱桃
Cerasus campanulata（Maxim.）T. T. Yu et C. L. Li

乔木或灌木。小枝无毛。叶片背面无毛或脉腋有簇毛。花序伞形，有花2～4朵；总苞片长椭圆形，两面伏生长柔毛；苞片褐色，稀绿色，边缘有带腺锯齿；花梗无毛或有极稀疏短柔毛；萼筒钟状，外面无毛，萼片长圆形；花瓣粉红色，先端微凹；花柱无毛。花期2～3月，果期4～5月。

生于山坡、路旁、沟谷林下；少见。早春开花，颜色鲜艳，可栽培供观赏用。

蛇莓属 *Duchesnea* Sm.

本属有5～6种，分布于亚洲南部、欧洲及北美洲。我国有2种；广西姑婆山2种均产。

分种检索表

1. 叶片、花朵和果实较小；小叶长1.5～2.5 cm；花梗长2～3 cm；花托直径8～12 mm；瘦果具明显皱纹 ·· 皱果蛇莓 *D. chrysantha*
1. 叶片、花朵和果实较大；小叶长2～5 cm；花梗长3～4.5 cm；花托直径10～20 mm；瘦果光滑 ·· 蛇莓 *D. indica*

皱果蛇莓 台湾蛇莓

Duchesnea chrysantha（Zoll. et Moritzi）Miq.

多年生草本。小叶片菱形、倒卵形或卵形，先端圆钝，有时具突尖，基部楔形，边缘有钝或锐的齿，近基部全缘，腹面近无毛，背面疏生长柔毛，中间小叶有时具2～3深裂，有短柄；叶柄有柔毛；托叶披针形，有柔毛。花瓣倒卵形，黄色，先端微凹或圆钝，无毛；花托在果期粉红色，无光泽。瘦果卵形，红色，具多数明显皱纹，无光泽。花期5～7月，果期6～9月。

生于山坡、路旁；常见。 茎叶入药，外敷治毒蛇咬伤、烫伤、疔疮；全草入药，具有止血的功效；果实、种子的乙醇提取物具有活血镇痛的功效。

蛇莓

Duchesnea indica（Andrews）Focke

多年生草本。根茎短，粗壮；匍匐茎纤细，有柔毛。叶互生，三出复叶；小叶卵圆形，有锯齿。花单生于叶腋；花瓣倒卵形，黄色；花托在果期膨大，海绵质，鲜红色，有光泽。瘦果卵形，光滑或具不明显突起，鲜时有光泽。花期6～8月，果期8～10月。

生于沟谷、路旁；常见。全草入药，具有散瘀消肿、收敛止血、清热解毒的功效；茎叶捣烂敷于疮有特效，亦可用于治疗蛇咬伤、烫伤、烧伤；果实煎服可用于治疗支气管炎；全草水浸液可防治农业害虫、杀蛆、孑孓等。

蔷薇科 Rosaceae

枇杷属 *Eriobotrya* Lindl.

本属约有30种，分布于亚洲温带和亚热带地区。我国有14种；广西有5种；姑婆山有2种，其中1种为栽培种。

大花枇杷

Eriobotrya cavaleriei （H. Lév.） Rehder

常绿乔木。小枝无毛。叶集生枝顶；叶片长圆形、长圆披针形或长圆倒披针形，边缘具疏生内曲浅锐齿，近基部全缘，腹面光亮，无毛，背面近无毛；叶柄长1.5～4 cm，无毛。圆锥花序顶生，直径9～12 cm；花序梗和花梗有稀疏棕色短柔毛；花瓣白色，微缺，无毛；花柱2～3枚，基部合生，中部以下有白色长柔毛，子房无毛。果实椭圆形或近球形，熟时橘红色，具颗粒状突起，无毛或微有柔毛，顶端有反折宿存萼片。花期4～5月，果期7～8月。

生于山坡疏林中；少见。 果实味酸甜，可生食，亦可酿酒；花、叶、根皮入药，具有清肺、止咳、平喘、消肿止痛的功效。

桂樱属 *Lauro-cerasus* Torn. ex Duh.

本属约有80种，分布于亚洲、欧洲、北美和南美及新几内亚。我国约有13种；广西有10种；姑婆山有2种。

分种检索表

1. 叶背密被腺点···腺叶桂樱 *L. phaeosticta*
1. 叶背无腺点···大叶桂樱 *L. zippeliana*

腺叶桂樱

Lauro-cerasus phaeosticta（Hance）C. K. Schneid.

常绿灌木或小乔木。叶片近革质，狭椭圆形、长圆形或长圆状披针形，稀倒卵状长圆形，先端长尾尖，基部楔形，边缘全缘，两面无毛，背面散生黑色小腺点，基部近叶缘常有2个较大扁平基腺；叶柄无腺体。总状花序单生于叶腋，有花数朵至10多朵，长4～6 cm，无毛；花瓣白色，无毛。果实近球形或横向椭圆形，熟时紫黑色，无毛。花期4～5月，果期7～10月。

生于山坡、路旁、沟谷林下；少见。全株、种子入药，具有活血祛瘀、镇咳利尿、润燥滑肠的功效。

蔷薇科 Rosaceae

苹果属 *Malus* Mill.

本属约有35种，广泛分布于北温带地区，亚洲、欧洲和北美洲均有。我国约有20种；广西有8种；姑婆山有1种。

台湾海棠 山楂、大果山楂
Malus doumeri（Bois）A. Chev.

落叶乔木，高达15 m。小枝圆柱形，嫩枝被长柔毛，老枝暗灰褐色或紫褐色，无毛，具稀疏纵裂皮孔。叶片长椭卵形至卵状披针形，边缘有不整齐锐齿。花序近似伞形，有花4～5朵，黄白色。果实球形，黄红色，具宿存管状萼筒；宿萼有短筒，萼片反折。花期5月，果期8～9月。

生于山坡疏林中或林缘；少见。果实肥大，有香气，生食微带涩味，一些地方用盐渍后食用，名叫"撒两比"或"撒多"；入药具有理气健脾、消食导滞、开胃的功效。

绣线梅属 *Neillia* D. Don

本属约有17种，主要分布于中国、朝鲜、印度和印度尼西亚。我国有15种；广西有3种；姑婆山有1种。

中华绣线梅

Neillia sinensis Oliv.

灌木。小枝圆柱形，无毛，幼时紫褐色。叶片卵形至卵状长椭圆形，先端长渐尖，边缘有重锯齿，常不规则分裂，稀不裂，两面无毛或在背面脉腋有柔毛；叶柄微被毛或近无毛；托叶线状披针形或卵状披针形，全缘，早落。总状花序顶生，长4～9 cm；花梗长3～10 mm，无毛；花瓣倒卵形，淡粉色；子房顶端有毛。蓇葖果长椭圆形，萼筒宿存，外被疏生长腺毛。花期5～6月，果期8～9月。

生于山坡、山谷或沟边杂木林下；常见。 全株入药，具有利尿除湿、清热止血的功效。

蔷薇科 Rosaceae

石楠属 *Photinia* Lindl.

本属约有60种，分布于亚洲东部及南部。我国约有43种；广西有30种；姑婆山有5种，其中1种为栽培种。

分种检索表

1. 花序梗和花梗不具疣点···光叶石楠 *P. glabra*
1. 花序梗和花梗在果期有明显的疣点。
　2. 伞形花序；叶侧脉4～6对···小叶石楠 *P. parvifolia*
　2. 复伞房花序；叶侧脉9对及以上。
　　3. 叶片披针形或长圆披针形，两面无毛，边缘微外卷··············厚齿石楠 *P. callosa*
　　3. 叶片长圆形、倒卵状长圆形或卵状披针形，边缘不外卷··········中华石楠 *P. beauverdiana*

中华石楠

Photinia beauverdiana C. K. Schneid.

落叶灌木或小乔木。小枝无毛，紫褐色，有散生灰色皮孔。叶片先端突渐尖，基部圆形或楔形，边缘有疏生具腺锯齿，腹面光亮，无毛，背面中脉疏生柔毛；叶柄长5～10 mm，微有柔毛。花成复伞房花序；总花梗和花梗无毛，密生疣点；花瓣白色，无毛。果实卵形，紫红色，无毛，微有疣点，先端有宿存萼片。花期5月，果期7～8月。

生于山坡疏林或林缘；常见。 根入药，具有活血、祛风止痛、补肾强筋、除湿热、止吐止泻的功效；叶入药，具有消炎、止血、祛风、通络、益肾的功效。

光叶石楠 石斑木、山杠木

Photinia glabra （Thunb.）Maxim.

常绿乔木。老枝无毛。叶片革质，椭圆形、长圆形或长圆倒卵形，先端渐尖，基部楔形，边缘有疏生浅钝细齿，两面无毛，侧脉10～18对；叶柄长1～1.5 cm，无毛。花多数，成顶生复伞房花序，直径5～10 cm；花序梗和花梗均无毛；花瓣白色，反卷；子房顶端有柔毛。果卵形，熟时红色，无毛。花期4～5月，果期9～10月。

生于山坡杂木林中；常见。根入药，具有祛风止痛、补肾强筋的功效；叶入药，具有清热解毒、镇痛、利尿的功效；果实入药，可用于治疗久痢、痔漏下血。

蔷薇科 Rosaceae

小叶石楠 牛筋木、秤锤子

Photinia parvifolia（E. Pritz.）C. K. Schneid.

落叶灌木。小枝红褐色，无毛，有散生黄色皮孔。叶片草质，椭圆形、椭圆卵形或菱状卵形，先端渐尖或尾尖，基部宽楔形或近圆形，边缘有带腺尖齿，侧脉4～6对；叶柄长1～2 mm，无毛。花2～9朵，组成伞形花序，生于侧枝顶端，无花序梗；花瓣白色，圆形，内面基部疏生长柔毛；花柱2～3枚，中部以下合生，子房顶端密生长柔毛。果实椭圆形或卵形，熟时橘红色或紫色，无毛，有直立宿存萼片。花期4～5月，果期7～8月。

生于山坡、沟谷疏林中；常见。 根、枝、叶入药，具有活血、止痛的功效。

委陵菜属 *Potentilla* L.

本属约有500种，大多分布于北半球温带、寒带及高山地区，极少数分布接近赤道。我国有88种；广西有7种；姑婆山有1种。

蛇含委陵菜 蛇含
Potentilla kleiniana Wight et Arn.

一年生、二年生或多年生宿根草本。花茎上升或匍匐，常于节处生根并发育出新植株，被疏柔毛或开展长柔毛。基生叶为近鸟足状5小叶，下部茎生叶有5小叶，上部茎生叶有3小叶。聚伞花序密集枝顶如假伞形；花黄色。瘦果近圆形，具皱纹。花果期4～9月。

生于路旁草丛中；少见。 全草入药，具有清热解毒、祛风止咳、散瘀的功效；捣烂外敷可用于治疗疮毒、痛肿及蛇虫咬伤。

蔷薇科 Rosaceae

梨属 *Pyrus* L.

本属有25种，分布于北半球，亚洲、欧洲、北美洲均有记录。我国有15种；广西有4种；姑婆山有2种，其中1种为栽培种。

豆梨

Pyrus calleryana Decne.

乔木。小枝粗壮，圆柱形。叶片宽卵形至卵形，先端渐尖，稀短尖，基部圆形至宽楔形，边缘有钝齿。伞形总状花序，有花6～12朵；萼筒无毛；萼片披针形，先端渐尖，边缘全缘；花瓣卵形，基部具短爪，白色；雄蕊20枚，稍短于花瓣；花柱2枚，稀3枚。梨果球形，熟时褐色，有斑点，直径约1 cm。花期4月，果期8～9月。

生于山坡林中；常见。常作"沙梨"砧木；木材致密，可供制器具；根、叶入药，具有润肺止咳、清热解毒的功效。

石斑木属 *Rhaphiolepis* Lindl.

本属有15种，分布于亚洲东部。我国有7种；广西有6种；姑婆山有1种。

石斑木 车轮梅、春花木
Rhaphiolepis indica（L.）Lindl.

　　灌木，稀小乔木。叶片集生于枝顶，卵形或长圆形，稀倒卵形或长圆披针形，先端圆钝、急尖、渐尖或长尾尖，基部渐狭连于叶柄，边缘具细钝锯齿，腹面无毛，背面无毛或被稀疏茸毛；叶柄长5～18 mm，近无毛。圆锥花序或总状花序顶生，花序梗和花梗被锈色茸毛；花瓣5片，白色或淡红色，倒卵形或披针形，先端圆钝，基部具柔毛。果实球形，熟时紫黑色。花期4月，果期7～8月。

　　生于山坡疏林或林缘灌木丛中；常见。 根入药，具有活血祛风、止痛、消肿解毒的功效；叶入药，具有清热解毒、散寒、消肿、止血的功效。

蔷薇属 *Rosa* L.

本属约有200种，广泛分布于亚洲、欧洲、非洲北部、北美洲等的寒温带至亚热带地区。我国有95种；广西有21种；姑婆山有2种。

分种检索表

1. 花梗和花萼无毛···软条七蔷薇 *R. henryi*

1. 花梗和花萼均密被柔毛或短柔毛·······················毛萼蔷薇 *R. lasiosepala*

软条七蔷薇　享氏蔷薇、湖北蔷薇
Rosa henryi Boulenger

灌木。小枝有短扁、弯曲的皮刺或无刺。小叶通常5片，近花序小叶常为3片；小叶片长圆形、卵形、椭圆形或椭圆状卵形，先端长渐尖或尾尖，基部近圆形或宽楔形，边缘有锐齿，两面均无毛；托叶大部贴生于叶柄，全缘，无毛，或有稀疏腺毛。花5～15朵，呈伞房状花序；花瓣白色，先端微凹。果近球形，直径8～10 mm，熟时褐红色，果梗有稀疏腺点。花期4～7月，果期7～9月。

生于路旁灌木丛中；少见。 根入药，具有祛风除湿、活血调经、化痰、止血的功效；叶入药，可用于治疗烫伤。

毛萼蔷薇

Rosa lasiosepala F. P. Metcalf

　　攀缘状灌木。小叶片革质，通常5片，长7～12 cm，两面无毛。花多数呈复伞房状；花梗长2.5～4 cm，密被短柔毛；萼片长1.5～2 cm，比萼筒长近1倍，反折，萼片和萼筒内外两面均密被柔毛；花瓣白色；花柱结合成柱状，密被白色柔毛，和雄蕊近等长或稍长。花期5～7月，果期7～11月。

　　生于沟谷林缘；少见。　花大且美丽，可供园林栽培供观赏。

悬钩子属 *Rubus* L.

本属约有700种，分布于全世界，主要分布于北半球温带地区，少数分布到热带地区和南半球。我国有208种；广西有74种；姑婆山有14种1变种。

分种检索表

1. 托叶着生于叶柄上，从基部以上与叶柄连合，极稀离生，较狭窄，全缘，常不分裂。
  2. 单叶。
    3. 叶片边缘不分裂或3裂·····································山莓 *R. corchorifolius*
    3. 叶片边缘掌状，深裂·····································掌叶覆盆子 *R. chingii*
  2. 复叶。
    4. 小叶常3片，稀5片，革质；花托具短柄或几无柄·········少齿悬钩子 *R. paucidentatus*
    4. 小叶3～9（11）片，非革质。
      5. 花托具柄，即心皮着生于有柄的花托上；花成伞房花序或单生·········空心泡 *R. rosifolius*
      5. 花托无柄，即心皮着生于无柄的花托上。
        6. 花排成大型总状花序或圆锥花序·····················白叶莓 *R. innominatus*
        6. 花排成伞房花序，稀为短圆锥花序、或数朵花簇生于叶腋，有时单生·············
                                                        茅莓 *R. parvifolius*
1. 托叶着生于叶柄基部和茎上，离生，较宽大，常分裂。
  7. 植株常不具皮刺，但具刺毛，稀具疏针刺或小皮刺；托叶宿存或脱落；单叶·················
                                              五裂悬钩子 *R. lobatus*
  7. 植株具皮刺；托叶早落；单叶，稀为掌状或鸟足状复叶。
    8. 花排成简单总状花序·····································木莓 *R. swinhoei*
    8. 花排成顶生圆锥花序或圆锥花序，因分枝短小而近似总状花序，稀簇生或单生。
      9. 托叶和苞片较宽大，长（1.5）2～3 cm，宽1～2 cm，分裂或有锯齿·············
                                              太平莓 *R. pacificus*
      9. 托叶和苞片较小，长2 cm以内，宽不足1 cm，分裂或全缘。
        10. 叶片背面无毛或有柔毛。
          11. 叶片基部圆形、卵形、卵状长圆形或椭圆状长圆形，不分裂；叶柄长约1 cm；心皮5～10个·····································梨叶悬钩子 *R. pirifolius*
          11. 叶片基部心形，边缘3～5浅裂；叶柄长2～4（5）cm；心皮在15个以上·········
                                              高梁泡 *R. lambertianus*
        10. 叶片背面密被茸毛。
          12. 矮小攀缘状或匍匐状灌木；老叶片背面茸毛常脱落·········寒莓 *R. buergeri*
          12. 高大攀缘状灌木，老叶片背面茸毛不脱落。
             13. 叶片背面密被灰白色、黄灰色或黄褐色茸毛·········粗叶悬钩子 *R. alceifolius*
             13. 叶片背面密被铁锈色茸毛。
               14. 叶片3～5浅裂·····································锈毛莓 *R. reflexus*
               14. 叶片5～7深裂·····················深裂锈毛莓 *R. reflexus* var. *lanceolobus*

粗叶悬钩子
Rubus alceifolius Poir.

攀缘状灌木。枝被黄灰色至锈色茸毛状长柔毛，有稀疏皮刺。单叶；叶片近圆形或宽卵形，先端圆钝，基部心形，边缘不规则3～7浅裂。花排成顶生狭圆锥花序或近总状花序，有时也排成腋生头状花束，稀单生；花白色。果近球形，肉质，熟时红色；核有皱纹。花期7～9月，果期10～11月。

生于林缘灌木丛或山坡疏林中；常见。 根和叶入药，具有活血祛瘀、清热止血的功效；果多汁，味甜，可食用。

蔷薇科 Rosaceae

寒莓 大叶寒莓

Rubus buergeri Miq.

攀缘或匍匐小灌木。单叶；叶片卵形至近圆形，先端圆钝或急尖，基部心形，腹面微具柔毛或仅沿叶脉被柔毛，背面密被茸毛，边缘5～7浅裂，裂片圆钝，有不整齐的锐齿，基部具掌状脉5条，侧脉2～3对；托叶掌状或羽状深裂，裂片线形或线状披针形，具柔毛。花排成短总状花序，顶生或腋生，或花数朵簇生于叶腋；花序梗和花梗密被茸毛状长柔毛，无刺或疏生针刺；花瓣白色。果近球形，熟时紫黑色，无毛。花期7～8月，果期9～10月。

生于山地杂木林中或路旁灌木丛中；常见。 果可供食用及酿酒等；全草入药，具有活血、清热解毒的功效。

寒莓 大叶寒莓
Rubus buergeri Miq.

山莓 吊杆泡

Rubus corchorifolius L. f.

　　直立灌木，高1～3 m。枝具皮刺。单叶；叶片卵形或卵状披针形，基部微心形，沿中脉疏生小皮刺，边缘不分裂或3裂；通常不育枝上的叶3裂，有不规则的锐齿或重齿。花单生或少数生于短枝上，白色。果近球形或卵圆形，熟时红色；核具皱纹。花期2～3月，果期4～6月。

　　生于路旁、沟谷、山坡；常见。 果供生食及加工制果酱、果酒等；全株入药，具有活血、解毒、止血的功效；根皮和茎皮可提制栲胶。

高粱泡 细烟筒子

Rubus lambertianus Ser.

半落叶藤状灌木。枝幼时有细柔毛或近无毛，有微弯小皮刺。叶片宽卵形，稀长圆状卵形，中脉常疏生小皮刺。圆锥花序顶生，生于枝上部叶腋内的花序常近总状，有时仅数朵花簇生于叶腋；花瓣倒卵形，白色。果近球形，熟时橙红色。花期7～8月，果期9～11月。

生于山坡林下、路旁；常见。 果可食；根入药，具有散瘀、止血的功效。

五裂悬钩子

Rubus lobatus T. T. Yu et L. T. Lu

攀缘状灌木。小枝、叶柄、叶片沿中脉、花序和花萼均被红褐色腺毛、刺毛和长柔毛。叶片心状近圆形，两面被柔毛，边缘3～5裂，裂片三角形。花排成顶生大型圆锥花序，腋生花序狭圆锥状或近总状；萼片狭披针形。果红色，包藏于宿萼内。花期6～7月，果期8～9月。

生于路旁灌木丛中；常见。 果可食用。

蔷薇科 Rosaceae

太平莓 大叶莓

Rubus pacificus Hance

　　常绿矮小灌木。单叶；叶片革质，宽卵形至长卵形，顶端渐尖，基部心形。花3～6朵呈顶生短总状或伞房状花序，或单生于叶腋；花序梗、花梗和花萼密被茸毛状柔毛；花较大，直径1.5～2 cm；萼片卵形至卵状披针形，先端渐尖，外萼片顶端常条裂，内萼片全缘，在果期常反折，稀直立；花瓣白色，顶端微缺刻状，基部具短爪，稍长于萼片。果实球形，直径1.2～1.6 cm，熟时红色，无毛。花期6～7月，果期8～9月。

　　生于山地杂木林中或山坡路旁；常见。　全株入药，具有清热活血的功效，可用于治疗产后腹痛、发热。

太平莓 大叶莓

Rubus pacificus Hance

茅莓 红梅消、蛇泡簕、三月泡
Rubus parvifolius L.

落叶小灌木。茎被短毛和倒生皮刺。三出复叶；顶端小叶较大，阔倒卵形或近圆形，边缘有不规则的锯齿。伞房花序顶生或腋生，稀顶生花序排成短总状，有花数朵，被柔毛和细刺；花瓣卵圆形或长圆形，粉红至紫红色。聚合果球形，熟时红色。花期5～6月，果期7～8月。

生于路旁、山坡；常见。 果实可供食用、酿酒及制醋等；根和叶含单宁，可提制栲胶；全株入药，具有止痛、活血、祛风湿及解毒的功效。

少齿悬钩子

Rubus paucidentatus T. T. Yü et L. T. Lu

　　藤状半灌木。枝无毛，具极稀疏钩状皮刺或近无刺。小叶3片，花枝上有时为单叶，狭披针形；顶生小叶长7～14 cm，比侧生小叶长约3倍；侧生小叶基部圆形，两面无毛，边缘常有稀疏不明显的细小浅齿。花单生或2～3朵顶生；花萼外面无毛；花瓣白色；子房顶端具柔毛。聚合果球形，熟时红色。花期5～6月，果期7～8月。

　　生于路旁、山坡；常见。　果实可供食用、酿酒及制醋等。

梨叶悬钩子 南蛇簕

Rubus pirifolius Sm.

攀缘状灌木。小枝、叶柄、花序和花萼均被柔毛，并常具皮刺。叶片卵形、卵状长圆形或椭圆状长圆形，基部圆形，两面沿中脉具柔毛，后脱落无毛，边缘不分裂，具不整齐的粗齿；叶柄长达1 cm；托叶和苞片条裂。花白色，形成圆锥花序；萼片卵状披针形或三角状披针形；雌蕊5～10枚，无毛。果由数个小核果组成，熟时红色，无毛。花期4～7月，果期8～10月。

生于山坡疏林下或林缘路旁；常见。 全株入药，具有强筋骨、祛寒湿的功效。

蔷薇科 Rosaceae

锈毛莓

Rubus reflexus Ker

　　攀缘状灌木，高达2 m。枝和叶柄有稀疏小皮刺，枝、叶背、叶柄和花序被锈色长柔毛。单叶互生；叶片心状宽卵形或近圆形，边缘5～7深裂，裂片披针形或长圆状披针形。花数朵集生于叶腋或排成顶生短总状花序；花瓣白色，与萼片近等长。果实近球形，熟时深红色。花期6～7月，果期8～9月。

　　生于路旁、山坡密林中；常见。　根入药，具有祛风湿、强筋骨的功效；果味甜，可食用。

锈毛莓

Rubus reflexus Ker

空心泡 三月泡、蔷薇莓、刺莓
Rubus rosifolius Sm.

直立或攀缘状灌木，高2～3 m。小枝圆柱形，疏生皮刺。小叶5～7片，卵状披针形或披针形，两面疏生柔毛，老时几无毛，有浅黄色发亮的腺点，背面沿中脉有稀疏小皮刺。花常1～2朵，顶生或腋生；花白色。果卵球形或长圆状卵圆形，熟时红色。花期3～5月，果期6～7月。

生于山坡、林缘路旁；常见。 根、嫩枝入药，具有清热、止咳、止血、祛风湿的功效；果味甜，可食用。

蔷薇科 Rosaceae

木莓 湖北悬钩子

Rubus swinhoei Hance

　　灌木。叶片卵形、宽卵形至长圆状披针形，基部截形至浅心形，边缘不分裂，不育枝或老枝上的叶背面密被灰色平贴茸毛，而结果枝或花枝上的叶背面茸毛脱落。花序和花萼被短腺毛和针刺，花萼外并被灰色茸毛；萼片卵形或三角状卵形，先端急尖。花期5～6月，果期7～8月。

　　生于路旁、山坡林下；常见。　果可食；根皮可提制栲胶；根、叶入药，具有凉血止血、活血调经、收敛解毒、消积食、止泻痢的功效。果实球形，由多数小核果组成，熟时黑色。

花楸属 *Sorbus* L.

本属约有100种，广泛分布于亚洲、欧洲、北美洲的温带地区。我国有67种；广西有13种；姑婆山有1种。

疣果花楸

Sorbus corymbifera（Miq.）T. H. Nguyên et Yakovlev

乔木。嫩枝具锈褐色茸毛，后脱落无毛。叶片卵形或椭圆状卵形，基部圆形，边缘有浅钝齿，近基部边缘全缘，幼时两面均具锈褐色茸毛，老时脱落无毛，侧脉7～11对；叶柄长2.5～3 cm。复伞房花序多花，幼时花序梗和花梗被锈褐色茸毛，以后逐渐脱落无毛；花瓣卵形，白色，内面微具柔毛。果球形至卵球形，直径约1.5 cm，熟时红褐色，表面被多数锈色疣点。花期1～2月，果期8～9月。

生于山坡疏林或密林中；少见。果可食用。

蔷薇科 Rosaceae

小米空木属 *Stephanandra* Siebold et Zucc.

本属有5种，分布于亚洲东部。我国有2种；广西有1种；姑婆山亦有。

野珠兰

Stephanandra chinensis Hance

灌木。小枝微具柔毛，红褐色。叶片卵形至长椭圆形，基部近心形、圆形，稀宽楔形，边缘常浅裂并有重锯齿，两面无毛，或背面沿叶脉微被柔毛，侧脉7～10对，斜出。顶生疏松的圆锥花序；花序梗和花梗均无毛；萼筒杯状，无毛；萼片全缘；花瓣白色。蓇葖果近球形，直径约2 mm，被稀疏柔毛，具宿存直立的萼片。花期5月，果期7～8月。

生于林缘灌木丛中；少见。 根入药，具有清热解毒、调经的功效；茎皮纤维可造纸。

红果树属 *Stranvaesia* Lindl.

本属有6种，分布于中国及喜玛拉雅山到东南亚。我国约有5种；广西有4种；姑婆山有1种。

红果树 斯脱兰威木、柳叶红果树
Stranvaesia davidiana Decne.

灌木或小乔木。枝条密集；小枝幼时密被长柔毛，逐渐脱落。叶片长圆形、长圆披针形或倒披针形，先端急尖或突尖，基部楔形至宽楔形，边缘全缘，侧脉8～16对；叶柄长1.2～2 cm，被柔毛，逐渐脱落。复伞房花序密具多花；花序梗和花梗均被柔毛；花瓣，白色近圆形，基部有短爪；花柱5枚，大部分连合，柱头头状，比雄蕊稍短。果实近球形，熟时橘红色；萼片宿存，直立。花期5～6月，果期9～10月。

生于山坡、山顶疏林或密林中；常见。 果实入药，具有清热除湿、化瘀止痛的功效。

含羞草科 Mimosaceae

本科有56属约2800种，分布于热带、亚热带地区，少数分布于温带地区，以中美洲、南美洲最多。我国连引入栽培的有17属66种；广西有9属44种；姑婆山有2属3种，其中1种为栽培种。

分属检索表

1. 植株通常具刺；花丝分离·····································金合欢属 *Acacia*
1. 植株通常无刺；花丝连合成管状·····································合欢属 *Albizia*

金合欢属 *Acacia* Mill.

本属约有1200种，分布于热带、亚热带地区，尤以大洋洲和非洲的种类最多。我国连引入栽培的有18种；广西有13种；姑婆山有2种，其中1种为栽培种。

藤金合欢

Acacia sinuata（Lour.）Merr.

攀缘状藤本。小枝、叶轴被灰色短茸毛，枝条有散生、多而小的倒刺。二回羽状复叶，具羽片6～10对，长8～12 cm，总叶柄近基部及最顶端1～2对羽片之间各有1个腺体；小叶15～25对，小叶片腹面淡绿，背面粉白，两面被粗毛或变无毛，具缘毛，中脉偏于上缘。头状花序球形，直径9～12 mm，再排成圆锥花序，花序分枝被茸毛；花白色或淡黄色。荚果带形，边缘直或微波状，具种子6～10粒。花期4～6月，果期7～12月。

生于山坡路旁、沟谷；少见。 树皮含单宁，可入药，具有解热、散血的功效。

合欢属 *Albizia* Durazz.

本属约有150种，分布于亚洲、非洲、大洋洲和美洲的热带、亚热带地区。我国有17种；广西有11种；姑婆山有1种。

山槐 山合欢
Albizia kalkora （Roxb.）Prain

小乔木或灌木。枝被短柔毛。二回羽状复叶，具羽片2～4对；小叶5～14对，小叶片长圆形或长圆状卵形，先端圆钝而有细尖头，基部不等侧，两面均被短柔毛，中脉稍偏于上侧。头状花序；花初白色，后变黄色；花萼管状，顶端5齿裂。荚果带形，深棕色，具种子4～12粒。种子倒卵形。花期5～6月，果期8～10月。

生于山坡、沟谷疏林下；常见。 树皮入药，具有安神、养肝明目、祛风湿的功效；花美丽，可植为风景树。

苏木科 **Caesalpiniaceae**

本科有180属约3000种，分布于热带、亚热带地区，少数分布于温带地区。我国连引入栽培的有21属约113种；广西有16属60种；姑婆山有7属9种，其中1属1种为栽培种。

分属检索表

1. 叶为单叶。
  2. 荚果腹缝线上具狭翅；花紫红色或粉红色……………………………………**紫荆属** *Cercis*
  2. 荚果无翅；花白色、淡黄色或淡绿色…………………………………**羊蹄甲属** *Bauhinia*
1. 叶为羽状复叶。
  3. 二回偶数羽状复叶。
    4. 攀缘灌木或木质藤本；枝具钩刺……………………………………**老虎刺属** *Pterolobium*
    4. 落叶乔木；枝无刺…………………………………………………**肥皂荚属** *Gymnocladus*
  3. 一回羽状复叶。
    5. 偶数羽状复叶，有托叶………………………………………**矮含羞草属** *Chamaecrista*
    5. 奇数羽状复叶，无托叶……………………………………………**翅荚木属** *Zenia*

羊蹄甲属 *Bauhinia* L.

本属约有300种，分布于热带、亚热带地区。我国有30种；广西有29种；姑婆山有3种。

分种检索表

1. 花小，直径在1 cm以下……………………………………………………龙须藤 *B. championii*
1. 花较大，直径在1 cm 以上。
  2. 荚果被毛；叶片先端浅裂为2片短而阔的裂片………………**阔裂叶羊蹄甲** *B. apertilobata*
  2. 荚果无毛；叶片先端2裂达中部或更深裂………………………粉叶羊蹄甲 *B. glauca*

龙须藤 九龙藤、羊蹄藤
Bauhinia championii（Benth.）Benth.

攀缘状灌木。藤茎圆柱形，稍扭曲，表面粗糙；切断面上皮部棕红色，木部浅棕色，有4～9圈深棕红色环纹，形似舞动的龙而得名。单叶互生；叶片卵形或心形，先端2浅裂或不裂，裂片先端尖。总状花序；花瓣白色，具瓣柄，瓣片匙形。荚果扁平，果瓣革质。花期6～10月，果期7～12月。

生于山坡、沟谷、路旁；常见。根和茎皮含单宁，茎皮纤维坚韧、耐水；茎和根入药，具有活血散瘀、祛风止痛、镇静止痒的功效。

苏木科 Caesalpiniaceae

粉叶羊蹄甲

Bauhinia glauca（Wall. ex Benth.）Benth.

　　木质藤本。除花序稍被锈色短柔毛外其余部位无毛。叶片近圆形，2裂达中部或更深，先端圆钝，基部阔，心形至截平，腹面无毛，背面疏被柔毛，脉上的被毛较密，基出脉9～11条；叶柄长2～4 cm。伞房花序式的总状花序顶生或与叶对生，具密集的花；花蕾卵形，被锈色短毛；花瓣白色，倒卵形，边缘皱波状，各瓣近相等，具长柄；能育雄蕊3枚，花丝无毛；子房无毛。荚果带形，无毛，不开裂。花期4～6月，果期7～9月。

　　生于山坡、山谷疏林或密林中；常见。　根入药，具有清热利湿、消肿止痛、收敛止血的功效；茎入药，可用于治疗风湿痹痛；叶入药，外用于疮疖。

紫荆属 *Cercis* L.

　　本属有8种，其中2种分布于北美洲，1种分布于欧洲东部和南部，5种分布于我国；广西有3种；姑婆山有1种。

广西紫荆　陈氏紫荆
Cercis chuniana F. P. Metcalf

　　乔木。当年生小枝红色。叶片菱状卵形，先端长渐尖，基部钝三角形，两侧不对称，两面被白色粉霜。总状花序有花数朵至10多朵。荚果狭长圆形，极扁平，熟时紫红色，顶具细尖喙，果翅狭。花期3～5月，果期9～11月。

　　生于山谷、溪边疏林或密林中；少见。 树皮入药，具有活血通经、消肿解毒的功效；花美丽，可作为园林景观树。

苏木科 Caesalpiniaceae

矮含羞草属 *Chamaecrista* Moench

本属约有270种，分布于热带、亚热带地区。我国有3种；广西有2种；姑婆山有1种。

含羞草决明　山扁豆

Chamaecrista mimosoides Standl.

半灌木状草本。一回羽状复叶，具小叶20～50对，小叶片线状镰形，先端急尖，两侧不对称；叶柄上端最下一对小叶之下有1个圆盘状腺体；托叶大，有明显的肋条，宿存。花序腋生，1个或数个聚生；花序梗顶端有2枚苞片；花瓣黄色。荚果镰形，扁平。花果期8～10月。

生于山坡、路旁；常见。 全草入药，具有清热解毒、利尿通淋、消积退肿的功效；既耐旱又耐瘠，是良好的地被植物和改土植物，亦是良好的绿肥；幼嫩茎叶可以代茶。

肥皂荚属 *Gymnocladus* Lam.

本属有3～4种，分布于亚洲南部和北美洲。我国有1种；广西姑婆山亦有。

肥皂荚

Gymnocladus chinensis Baill.

落叶乔木。树皮灰褐色，具明显的白色皮孔；枝无刺。二回偶数羽状复叶，无托叶；叶轴具槽；羽片对生、近对生或互生，5～10对；小叶互生，8～12对，几无柄，具钻形的小托叶，小叶片长圆形，两端圆钝，先端有时微凹。总状花序顶生；花杂性，白色或带紫色；花瓣长圆形；花丝被柔毛；子房有4颗胚珠。荚果长圆形，扁平或膨胀，有种子2～4粒。花期5月，果期8月。

生于山坡疏林中；少见。 果实入药，具有祛风除湿、活血消肿的功效；种子入药，可用于治疗顽痰、下痢、疮癣。

苏木科 Caesalpiniaceae

老虎刺属 *Pterolobium* R. Br. ex Wight et Arn.

本属有11种，分布于亚洲、非洲和大洋洲热带地区。我国有2种；广西有1种；姑婆山亦有。

老虎刺 倒钩藤

Pterolobium punctatum Hemsl.

木质藤本或攀缘状灌木。小枝具下弯的短钩刺。二回羽状复叶，羽片9～14对；小叶19～30对，对生，狭长圆形。总状花序腋生或于枝顶排成圆锥状；花瓣稍长于萼片，倒卵形，先端稍呈啮蚀状。荚果发育部分菱形，翅一边直另一边弯曲。种子椭圆形。花期6～8月，果期9月至次年1月。

生于山坡、路旁；少见。 根、叶入药，具有清热解毒、祛风除湿的功效；枝叶入药，煎水外洗可治皮肤痒疹、风疹、荨麻疹、疥疮等。

翅荚木属 *Zenia* Chun

本属仅有1种，我国特有；姑婆山亦有。

任豆
Zenia insignis Chun

乔木。小枝黑褐色，散生有黄白色的小皮孔。一回羽状复叶，叶长25～45 cm；叶轴及叶柄多少被黄色微柔毛；小叶薄革质，长圆状披针形，基部圆形，先端短渐尖或急尖，边缘全缘，腹面无毛，背面有灰白色的糙伏毛。圆锥花序顶生；花序梗和花梗被黄色或棕色糙伏毛；花红色；花瓣稍长于萼片；子房通常有胚珠7～9颗，边缘具伏贴疏柔毛。荚果长圆形或椭圆状长圆形，熟时红棕色，翅阔5～6 mm。花期5月，果期6～8月。

生于山坡、山谷密林或疏林中；少见。 树形、花、果独特，可作为园林或石山绿化树。

蝶形花科 Papilionaceae

本科有425属约12000种，遍布全世界。我国连引进栽培的有128属1372种；广西有77属346种；姑婆山有25属33种2变种3亚种，其中1属2种为栽培种。

分属检索表

1. 雄蕊10枚，花丝全部合生成管状或9枚合生1枚离生，或只有9枚合生为1组。
  2. 荚果由数个荚节组成，或有时荚果退化为1个荚节，每荚节有1粒种子。
    3. 花梗于花后常增大，且顶部弯曲呈钩状；果序圆柱状……………………………狸尾豆属 Uraria
    3. 花梗于花后不显著增大，亦不呈钩状。
      4. 无小托叶；荚果通常仅1个荚节，含1粒种子。
        5. 托叶较小；花冠和雄蕊管均宿存………………………………胡枝子属 Lespedeza
        5. 托叶较大；花冠和雄蕊管在果时脱落………………………鸡眼草属 Kummerowia
      4. 常具小托叶；荚果常具多个荚节，稀为单节。
        6. 子房具明显的子房柄；荚节斜三角形或半倒卵形…………长柄山蚂蝗属 Hylodesmum
        6. 子房无明显的子房柄；荚节不呈斜三角形或倒卵形。
          7. 苞片较大，圆形或于花后膨大成膜质叶状，包藏着荚果，宿存…………………………
          …………………………………………………………排钱树属 Phyllodium
          7. 苞片较小，不包藏花序或果。
            8. 叶为单叶；叶柄具阔翅，翅先端具小托叶2片………………葫芦茶属 Tadehagi
            8. 叶为三出复叶，偶为单叶；叶柄无翅或具狭翅。
              9. 叶柄具狭翅……………………………………………小槐花属 Ohwia
              9. 叶柄无翅。
                10. 荚果具明显荚节，熟时不开裂…………………………山蚂蝗属 Desmodium
                10. 荚果的荚节不明显或稍明显，熟时沿背缝线开裂……舞草属 Codariocalyx
  2. 荚果非由荚节组成，通常2瓣裂或不开裂，种子1粒或多粒。
    11. 叶为羽状复叶，小叶通常4片以上。
      12. 小乔木、直立灌木、半灌木或草本……………………………木蓝属 Indigofera
      12. 攀缘状灌木或缠绕性植物。
        13. 小叶互生；果瓣对应种子部分常增厚而有密网纹………………黄檀属 Dalbergia
        13. 小叶对生；果瓣对应种子部分不增厚，无网纹。
          14. 花序为总状花序；花丝全部合生成管状………………崖豆藤属 Millettia
          14. 花序为圆锥花序；花丝9枚合生，对着旗瓣1枚离生……昆明鸡血藤属 Callerya
    11. 叶为单叶或三出复叶。
      15. 叶为单叶。
        16. 花为小聚伞花序，藏于大型的叶状苞片内，再组成总状或复总状花序…………
        ………………………………………………………千斤拔属 Flemingia
        16. 花为总状、短总状或头状花序，1～2朵腋生、丛生，无大型的叶状苞片包藏……
        ………………………………………………………猪屎豆属 Crotalaria

15. 叶为三出复叶。

  17. 小叶背面有明显的腺点。

    18. 荚果种子通常2粒，稀为1粒。

      19. 叶为掌状三出复叶；荚果膨胀于种子间不收缩，种子不具种阜⋯⋯⋯⋯⋯
      ⋯⋯⋯⋯⋯⋯⋯⋯⋯⋯⋯⋯⋯⋯⋯⋯⋯⋯⋯⋯⋯⋯**千斤拔属** *Flemingia*

      19. 叶为羽状三出复叶；荚果扁平，常于种子间略收缩，种子有种阜或无⋯⋯⋯
      ⋯⋯⋯⋯⋯⋯⋯⋯⋯⋯⋯⋯⋯⋯⋯⋯⋯⋯⋯⋯⋯**鹿藿属** *Rhynchosia*

    18. 荚果种子通常3粒以上⋯⋯⋯⋯⋯⋯⋯⋯⋯⋯**野扁豆属** *Dunbaria*

  17. 小叶背面无腺点。

    20. 直立草本、半灌木、乔木或木质藤本、攀缘状灌木。

      21. 荚果稍肥厚而呈核果状，不开裂，有种子1粒⋯⋯⋯⋯**山豆根属** *Euchresta*

      21. 荚果不呈核果状，常开裂，种子多粒。

        22. 果瓣表面有明显的密横脉⋯⋯⋯⋯⋯⋯⋯**密子豆属** *Pycnospora*

        22. 果瓣表面无横脉⋯⋯⋯⋯⋯⋯⋯⋯⋯⋯**猪屎豆属** *Crotalaria*

    20. 缠绕性草本（或有时茎基部稍木质）。

      23. 总状花序轴无膨胀而隆起的节⋯⋯⋯⋯⋯⋯⋯**山黑豆属** *Dumasia*

      23. 总状花序轴有肿胀而隆起的节，花单生或数朵簇生于节上。

        24. 雄蕊10枚，合生为1组⋯⋯⋯⋯⋯⋯⋯⋯⋯**葛属** *Pueraria*

        24. 雄蕊10枚，其中9枚花丝合生、1枚离生而形成2组⋯⋯**豇豆属** *Vigna*

1. 雄蕊10枚，完全分离或仅于基部连合⋯⋯⋯⋯⋯⋯⋯⋯⋯⋯**红豆属** *Ormosia*

鸡血藤属 *Callerya* Endl.

本属约有30种，分布于亚洲东部至东南部。我国有18种；广西有17种；姑婆山有1种1变种。

分种检索表

1. 小叶背面无毛或被稀疏柔毛⋯⋯⋯⋯⋯⋯⋯⋯⋯⋯⋯⋯**香花鸡血藤** *C. dielsiana*

1. 小叶背面、叶轴、花序、幼枝被锈色茸毛或红褐色、灰黄色的硬毛⋯⋯⋯⋯⋯⋯⋯⋯
⋯⋯⋯⋯⋯⋯⋯⋯⋯⋯⋯⋯⋯⋯⋯⋯**丰城崖豆藤** *C. nitida* var. *hirsutissima*

蝶形花科 Papilionaceae

香花鸡血藤

Callerya dielsiana（Harms）P. K. ex Z. Wei et Pedley

　　木质藤本。小枝被毛或近无毛。一回羽状复叶，具小叶5片；小叶片披针形至狭长圆形，或长椭圆形，先端钝渐尖。圆锥花序顶生，密被黄褐色茸毛。荚果线状长圆形，密被灰色茸毛，无果颈，果瓣近木质。种子长圆状凸镜形。花期6～7月，果期10～11月。

　　生于山坡路旁；常见。 根及藤茎入药，具有行气活血、祛风除湿、舒筋活络的功效。

香花鸡血藤

Callerya dielsiana（Harms）P. K. ex Z. Wei et Pedley

丰城崖豆藤 丰城鸡血藤

Callerya nitida var. *hirsutissima*（Z. Wei）X. Y. Zhu

攀缘灌木。一回羽状复叶，具小叶2对；小叶片卵形，较小，腹面暗淡，背面密被红褐色硬毛，先端钝或钝渐尖，侧脉5～6对，达叶片边缘向上弧曲；小托叶锥刺状。圆锥花序顶生，花序轴粗壮，密被锈褐色茸毛；花单生；花萼钟状，外面密被茸毛；花冠青紫色。荚果线状长圆形，密被黄褐色茸毛，顶端具尖喙。花期5～9月，果期7～11月。

生于山坡、路旁；常见。 根及茎入药，作"鸡血藤"用，可用于风湿骨痛、跌打损伤、肝炎、贫血等。

舞草属 *Codariocalyx* Hassk.

本属有2种，分布于亚洲东南部和大洋洲热带地区。我国有2种；广西有2种；姑婆山有1种。

舞草

Codariocalyx motorius （Houtt.） H. Ohashi

灌木。茎无毛。叶为三出复叶，有时侧生小叶很小或缺而仅具1叶；顶生小叶长椭圆形或披针形，侧脉8～14对，不达叶片边缘。圆锥花序或总状花序顶生或腋生；花萼上部裂片先端2裂；花冠紫红色；子房被微毛。荚果镰形或长圆形，腹缝线直，背缝线稍缢缩，熟时沿背缝线开裂。花期7～9月，果期10～11月。

生于林缘；少见。全株入药，具有镇静、安神、祛瘀生新、活血消肿的功效。

猪屎豆属 *Crotalaria* L.

本属约有700种，分布于美洲、非洲、大洋洲及亚洲热带、亚热带地区。我国有42种；广西有20种；姑婆山有3种。

分种检索表

1. 花冠蓝色或紫蓝色···紫花野百合 *C. sessiliflora*
1. 花冠黄色。
  2. 叶质薄；荚果圆柱形，长0.8～1.2 cm，伸出宿存萼外·······························响铃豆 *C. albida*
  2. 叶质较厚；荚果卵状四棱形，长约0.5 cm，内藏于宿存萼内············线叶猪屎豆 *C. linifolia*

响铃豆

Crotalaria albida B. Heyne ex Roth

多年生草本。茎直立，基部常木质化，分枝细弱。叶片倒卵形、长圆状椭圆形或倒披针形，先端钝或圆，基部楔形。总状花序顶生或腋生，有花20～30朵；花冠淡黄色，旗瓣椭圆形，先端具束状柔毛，基部胼胝体可见。荚果短圆柱形，具种子6～12粒。花果期5～12月。

生于山坡、沟谷疏林中；常见。 全草或根入药，具有清热解毒、利尿、通淋利湿、止咳平喘、截疟的功效。

紫花野百合 农吉利

Crotalaria sessiliflora L.

草本。茎直立，单一或上部分枝，被紧贴粗糙的长柔毛。单叶；叶片形状常变异较大，通常为线形或线状披针形，两端渐尖，腹面近无毛，背面密被丝质短柔毛；叶柄近无。总状花序顶生、腋生或密生枝顶形似头状，亦有叶腋生出单花，花1朵至多朵；花萼二唇形，外面密被棕褐色长柔毛；花冠蓝色或紫蓝色，包被于萼内；子房无柄。荚果短圆柱形，长约10 mm，苞被萼内，下垂紧贴于枝，秃净无毛。花果期5月至翌年2月。

生于林缘路旁；常见。 全草入药，具有清热解毒、消肿止痛、破血除瘀的功效，可用于治疗风湿麻痹、跌打损伤、疮毒、癣疥等。

黄檀属 *Dalbergia* L. f.

本属约有100种，分布于亚洲、非洲和美洲的热带、亚热带地区。我国有29种；广西有20种；姑婆山有3种，其中1种为栽培种。

分种检索表

1. 乔木；小叶片较大，长3～7 cm，宽1～3.5 cm ······················南岭黄檀 *D. assamica*
1. 藤本；小叶片较小，长1～2 cm，宽0.5～1 cm ······················藤黄檀 *D. hancei*

南岭黄檀

Dalbergia assamica Benth.

乔木。茎具平展的分枝。一回羽状复叶长25～30 cm，具小叶6～10对；托叶大，卵形至卵状披针形；小叶片长圆形或长圆状椭圆形，先端钝、圆或微凹，基部圆形或楔形，两面疏被伏贴短柔毛，腹面渐变无毛；小叶柄长约5 mm，被短柔毛，毛很快脱落。圆锥花序腋生，稀疏，长10～15 cm；花序梗、花序分枝和花梗均密被黄褐色茸毛；花白色，花瓣内面有紫色条纹。荚果阔舌状长圆形至带状长圆形。花期4～7月，果期8～12月。

生于山地疏林、河边或村旁旷野；少见。 为紫胶虫寄主树；根、茎叶、木材入药，具有行气、活血、祛瘀、止痛、破积的功效。

蝶形花科 Papilionaceae

藤黄檀 大香藤、藤檀

Dalbergia hancei Benth.

木质藤本。枝纤细，小枝有时变钩状或旋扭。叶为一回羽状复叶，具小叶3～6对；小叶片狭长圆形或倒卵状长圆形。总状花序远比复叶短，数个总状花序常再集成腋生短圆锥花序；花冠绿白色，芳香。荚果扁平，长圆形或带状长圆形，基部收缩为一细果颈，通常有1粒种子。种子肾形，极扁平。花期4～5月，果期6～11月。

生于山坡、沟谷、路旁；常见。茎皮含单宁，纤维可供编织；根、茎入药，具有强筋活络、祛瘀止痛的功效。

山蚂蝗属 *Desmodium* Desv.

本属约有280种，多分布于亚热带、热带地区。我国有32种；广西有17种；姑婆山有2种。

分种检索表

1. 顶生小叶片倒卵状椭圆形，边缘全缘··假地豆 *D. Heterocarpon*
1. 顶生小叶片菱形，边缘波浪状··长波叶山蚂蝗 *D. sequax*

假地豆

Desmodium heterocarpon（L.）DC.

　　半灌木。茎直立或近平卧而斜升。羽状三出复叶；小叶片倒卵状椭圆形、椭圆形或长椭圆形；顶生小叶片较大，先端圆或钝，常平截，基部钝；侧生小叶片较小；托叶宿存。总状花序顶生或腋生，被开展状柔毛；苞片具缘毛，开花前呈覆瓦状排列，后脱落。荚果极密集，被小钩状毛。花期8～9月，果期10～11月。

　　生于山坡路旁、沟谷草地上；常见。 全株入药，具有清热解毒、消肿止痛的功效，外用于治疗疮疡肿毒、毒蛇咬伤；韧皮纤维可造纸和制绳索。

蝶形花科 Papilionaceae

长波叶山蚂蝗 棱叶山绿豆
Desmodium sequax Wall.

灌木。羽状三出复叶；顶生小叶片卵状菱形，两面被紧贴柔毛，先端急尖，基部宽楔形，边缘自中部以上呈深波状；叶柄被毛；侧生小叶较小。总状花序或圆锥花序，腋生或顶生，被淡黄色柔毛。荚果密被开展的褐色短钩状毛，荚节5～10个。花期8～9月，果期10～11月。

生于沟谷、路旁；少见。 根入药，具有润肺止咳、平喘、补虚、驱虫的功效；果实入药，具有止血的功效，可用于治疗内伤出血；全草入药，具有健脾补气的功效。

山黑豆属 *Dumasia* DC.

本属约有10种，分布于非洲南部、亚洲东部和南部。我国有9种；广西有3种；姑婆山有1种。

山黑豆

Dumasia truncata Sieb. et Zucc.

缠绕性草本。叶具羽状三出复叶；托叶小，线状披针形，具3脉；小叶片长卵形或卵形，先端钝或近圆形，有时微凹，具小突尖，基部截形或圆形，侧生小叶略小，基部略偏斜；小托叶刚毛状。总状花序腋生；花萼管状，淡绿色；花冠黄色或淡黄色。荚果倒披针形至披针状椭圆形，略膨大，通常具种子3～5粒。花期8～9月，果期10～11月。

生于山坡路旁潮湿处；少见。 根及全草入药，具有清热解毒、通经脉的功效。

蝶形花科 Papilionaceae

野扁豆属 *Dunbaria* Wight et Arn.

本属约有20种，分布于亚洲热带地区及大洋洲。我国有8种；广西有7种；姑婆山有1种。

野扁豆

Dunbaria villosa （Thunb.） Makino

多年生缠绕性草本。顶生小叶片菱形或近三角形，侧生小叶片较小，基部偏斜，先端渐尖或急尖，先头钝，基部圆形、阔楔形或近截平，两面微被短柔毛或有时近无毛。总状花序或复总状花序，密被极短柔毛，有花2～7朵；花冠黄色。荚果线状长圆形，长3～5 cm，扁平稍弯，被短柔毛或有时近无毛，顶端具喙。花期7～9月，果期8～10月。

生于沟谷、路旁；常见。 全草、种子入药，具有活血、消肿、行气、止痛、止白带的功效。

山豆根属 *Euchresta* Benn.

本属约有4种3变种，分布于爪哇、日本、菲律宾及中国东南部至喜马拉雅地区。我国有4种2变种；广西有2种1变种；姑婆山有1种。

胡豆莲

Euchresta japonica Hook. f. ex Regel

攀缘状小灌木。茎上常生不定根。叶出三出复叶；小叶片椭圆形，先端短渐尖至钝圆，基部宽楔形，腹面暗绿色，无毛，侧生小叶几无柄。总状花序顶生；花序梗及花梗被短柔毛；花萼钟状，外面被短柔毛，裂片钝三角形；花瓣均具瓣柄。荚果顶端钝圆，有细尖头。花期5～6月，果期8～10月。

生于山坡、路旁、密林或灌木丛中；少见。 国家二级重点保护野生植物；根入药，具有泻心火、保肺气、去肺和大肠风热、消肿止痛的功效。

蝶形花科 Papilionaceae

千斤拔属 *Flemingia* Roxb. ex W. T. Aiton

本属约有30种，分布于亚洲热带地区、非洲和大洋洲。我国有15种；广西有6种；姑婆山有1种。

大叶千斤拔 钻地风、掏马桩

Flemingia macrophylla（Willd.）kuntze ex Merr.

灌木，高0.8～2.5 m。茎直立，幼枝有明显纵棱，密被紧贴丝质柔毛。掌状三出复叶；托叶大，披针形。总状花序常数个簇生于叶腋，花多而密集；花梗极短；花萼钟状，被丝质短柔毛。荚果椭圆形，褐色，略被短柔毛，顶端具小尖喙。花期6～9月，果期10～12月。

生于林缘路旁；少见。 根入药，具有清热解毒、健脾补虚、调经补血、壮筋骨、强腰肾、舒筋活络、散瘀消肿、生津止渴的功效。

长柄山蚂蝗属 *Hylodesmum* H. Ohashi et R. R. Mill

本属有14种，主要分布于亚洲东南部，少数种类分布于北美洲。我国有10种；广西有9种；姑婆山有1种2亚种。

分种检索表

1. 托叶三角状披针形、披针形或卵状披针形，基部宽2～4 mm…………**细长柄山蚂蝗** *H. leptopus*
1. 托叶线状披针形，基部宽0.5～1 mm。
  2. 顶生小叶片宽卵形或卵形，较大，长3.5～12 cm，宽2.5～8 cm，最宽处在小叶片下部……
  ………………………………………………**宽卵叶长柄山蚂蝗** *H. podocarpum* subsp. *fallax*
  2. 顶生小叶片菱形，较小，长4～8 cm，宽2～3 cm，最宽处在小叶片中部………………
  ………………………………………**尖叶长柄山蚂蝗** *H. podocarpum* subsp. *oxyphyllum*

细长柄山蚂蝗　疏花山绿豆

Hylodesmum leptopus（A. Gray ex Benth.）H. Ohashi et R. R. Mill

半灌木。叶为羽状三出复叶；小叶片卵形至卵状披针形，先端长渐尖，基部楔形或圆形；侧生小叶较小，基部极偏斜，无毛或被极稀疏的短柔毛，基出三出脉；托叶三角状披针形。花序顶生，总状花序或具少数分枝的圆锥花序，有时从茎基部抽出；花序轴略被钩状毛和疏长柔毛；花冠粉红色。荚果具荚节2～4个，果梗和果颈较长。花果期8～9月。

生于山谷密林下或溪边荫处；常见。 根及全草入药，具有清热利湿、健脾消积的功效，可用于治疗肝炎，外用于毒蛇咬伤。

蝶形花科 Papilionaceae

宽卵叶长柄山蚂蟥

Hylodesmum podocarpum subsp. *fallax* （Schindl.）H. Ohashi et R. R. Mill

　　草本。茎直立，具条纹，疏被伸展短柔毛。叶为羽状三出复叶；叶柄长2～12 cm，着生于茎上部的叶柄较短，茎下部的叶柄较长，疏被伸展短柔毛；小叶片纸质，顶生小叶片宽卵形或卵形，长3.5～12 cm，宽2.5～8 cm，先端渐尖或急尖，基部阔楔形或圆形。总状花序或圆锥花序，顶生或腋生，长20～30 cm，结果时延长至40 cm；花序梗被柔毛和钩状毛；花序轴上通常每节生2朵花；花冠紫红色。荚果通常有荚节2个，背缝线弯曲。花期7～8月，果期9～11月。

　　生于山坡、沟谷疏林下；常见。 全草入药，具有清热解毒、祛风活血的功效；亦可作家畜饲料。

尖叶长柄山蚂蝗

Hylodesmum podocarpum subsp. *oxyphyllum* （DC.） H. Ohashi et R. R. Mill

　　直立草本。茎具条纹，疏被伸展短柔毛。叶为羽状三出复叶；叶柄长2～12 cm，着生于茎上部的叶柄较短，茎下部的叶柄较长，疏被伸展短柔毛；小叶片纸质，顶生小叶片菱形，长4～8 cm，宽2～3 cm，先端渐尖，尖头钝，基部楔形。总状花序或圆锥花序，顶生或腋生；花序梗被柔毛和钩状毛；花序轴上通常每节生2朵花；花冠紫红色。荚果具荚节1～2个，半倒卵状三角形，密被短柔毛。花期7～8月，果期9～11月。

　　生于山坡、路旁；常见。 根及全草入药，具有祛风活络、解毒消肿的功效。

木蓝属 *Indigofera* L.

本属有750多种，广泛分布于热带、亚热带地区，以非洲占多数。我国有79种；广西有19种；姑婆山有1种。

庭藤　胡豆

Indigofera decora Lindl.

灌木。一回奇数羽状复叶；小叶片椭圆形至狭卵形，先端急尖，具短尖头，基部圆楔形或楔形，腹面无毛或有稀疏白色平伏短毛，背面有白色平伏短毛。总状花序腋生；花冠粉红色。荚果圆筒形，熟时棕黑色，无毛，具种子约10粒。花期5~6月，果期7~8月。

生于山坡密林下或林缘路旁；少见。　可栽培于庭园供观赏；根、全草、叶入药，具有理跌打、续筋骨、通筋络、散瘀积、消肿痛的功效。

鸡眼草属 *Kummerowia* Schindl.

本属有2种，分布于中国、日本、韩国和俄罗斯。我国有2种；广西有2种；姑婆山有1种。

鸡眼草

Kummerowia striata（Thunb.）Schindl.

一年生草本。植株披散或平卧，多分枝。叶为掌状三出复叶；托叶大，膜质，卵状长圆形；小叶片倒卵形、长倒卵形或长圆形，较小，全缘。花小，单生或2～3朵簇生于叶腋；花冠粉红色或紫色。荚果圆形或倒卵形，稍侧扁，顶端短尖，被小柔毛。花期7～9月，果期8～10月。

生于路旁草丛或林缘草地；常见。 全草入药，具有清热解毒、活血、利湿止泻的功效。

胡枝子属 *Lespedeza* Michx.

本属约有 60 种，分布于亚洲东部至澳大利亚东北部及北美洲。我国有 25 种；广西有 11 种；姑婆山有 1 种 1 亚种。

分种检索表

1. 小叶片楔形或线状楔形，长1～2 cm，宽0.2～0.7 cm··············截叶铁扫帚 *L. cuneata*
1. 小叶片长圆形或椭圆状长圆形，长2.5～4.5 cm，宽1～1.5 cm··············
··············美丽胡枝子 *L. thunbergii* subsp. *formosa*

截叶铁扫帚 楔叶铁扫帚、铁扫帚、小夜关门
Lespedeza cuneata （Dum. Cours.） G. Don

小灌木。茎直立或斜升，被毛，上部分枝。叶掌状三出复叶，密集着生；小叶片楔形或线状楔形，先端截形或近截形，具短尖，基部楔形，腹面近无毛，背面密被白色伏毛。总状花序腋生；花淡黄色或白色。荚果宽卵形或近球形，被伏毛。花期7～8月，果期9～10月。

生于林缘路旁；常见。 根和全株入药，具有益肝明目、活血清热、利尿解毒的功效；亦可作饲料、绿肥。

美丽胡枝子 红花羊牯爪、火烧豆、把天门

Lespedeza thunbergii subsp. *formosa* （Vogel）H. Ohashi

　　落叶灌木。茎直立；枝稍具棱，被平贴白色柔毛或近无毛。羽状三出复叶；小叶片卵状椭圆形或椭圆状披针形，先端钝或微凹，具短尖，基部楔形或微圆形，腹面被短柔毛或无毛，背面密被白色柔毛。总状花序腋生，水平开展或上升，被疏柔毛；花冠红紫色；花柱线形，子房被密毛。荚果宽卵圆形，顶端极尖，密被丝状毛。花期7～8月，果期9～10月。

　　生于林缘路旁；常见。 可作水土保持植物；亦可作绿肥和蜜源植物；鲜根入药，具有活血散瘀、消肿止痛的功效。

崖豆藤属 *Millettia* Wight et Arn.

本属约有100种，分布于非洲、亚洲和大洋洲的热带、亚热带地区。我国有18种；广西有10种；姑婆山有1种。

厚果崖豆藤

Millettia pachycarpa Benth.

木质大藤本，幼年时直立如小乔木状。嫩枝褐色。羽状复叶长30～50 cm，具小叶6～8对，小叶片草质，长圆状椭圆形至长圆状披针形。总状圆锥花序，2～6个生于新枝下部，花2～5朵着生于节上；花冠淡紫色，旗瓣无毛。荚果深褐黄色，肿胀，长圆形，单粒种子时卵形；果瓣木质，甚厚。种子1～5粒。花期4～6月，果期6～11月。

生于山坡灌木丛中；少见。 根、叶入药，具有散瘀消肿的功效，可用于治疗跌打损伤、骨折、皮肤病、皮肤麻木、疥癣、毒蛇咬伤等；果实入药，具有解毒、止痛的功效；种子和根磨粉作杀虫剂，用于防治多种粮食害虫。

小槐花属 *Ohwia* H. Ohashi

本属有2种，分布于亚洲东部和东南部。我国有2种；广西有1种；姑婆山亦有。

小槐花 山蚂蟥、拿身草
Ohwia caudata（Thunb.）H. Ohashi

灌木或半灌木。茎直立，皮灰褐色；分枝多，上部分枝略被柔毛。叶为羽状三出复叶，叶柄两侧具狭翅；小叶片近革质或纸质，顶生小叶片披针形或阔披针形，干后黑色。总状花序顶生或腋生；花冠绿白色或黄白色。荚果线形，扁平，有4～6个荚节，被钩状毛。花期8～9月，果期10～12月。

生于沟谷疏林及山坡、路旁灌木丛中；常见。 根或全株入药，具有清热解毒、祛风利湿、透疹的功效。

红豆属 *Ormosia* Jacks.

本属约有130种，分布于热带地区。我国约有37种；广西有23种1变型；姑婆山有3种。

分种检索表

1. 两面无毛或有时背面有白色粉霜·····························软荚红豆 *O. semicastrata*
1. 叶背面被毛。
  2. 荚果无毛，干后黑色·······················花榈木 *O. henryi*
  2. 荚果密被黄褐色短绢毛，干后不为黑色·················木荚红豆 *O. xylocarpa*

花榈木

Ormosia henryi Prain

　　常绿乔木。树皮灰绿色；小枝、叶轴、花序密被茸毛。一回奇数羽状复叶，具小叶1～3对；小叶片革质，椭圆形或长圆状椭圆形，基部圆或宽楔形，边缘微反卷，腹面光滑无毛，背面及叶柄均密被黄褐色茸毛，侧脉与中脉成45°。圆锥花序顶生，或总状花序腋生，长11～17 cm；花瓣中央淡绿色，边缘绿色微带淡紫色；子房扁，沿缝线密被淡褐色长毛，其余无毛。荚果扁平，长椭圆形，顶端有喙，有种子4～8粒，稀1～2粒；果瓣革质，紫褐色，无毛。花期7～8月，果期10～11月。

　　生于山坡、溪谷两旁杂木林中；少见。　国家二级重点保护野生植物；可作绿化或防火树种；木材可作轴承及细木家具用材；根、茎、叶入药，具有祛风散结、解毒化瘀的功效。

排钱树属 *Phyllodium* Desv.

本属有8种，分布于亚洲热带地区及大洋洲。我国有4种；广西4种均产；姑婆山有1种。

排钱树 钱串木、牌钱树
Phyllodium pulchellum（L.）Desv.

灌木。小枝被白色或灰色短柔毛。羽状三出复叶；小叶片革质，顶生小叶片卵形、椭圆形或倒卵形，侧生小叶片约比顶生小叶片小1倍，腹面无毛，背面薄被短柔毛。伞形花序有花5～6朵，藏于叶状苞片内，叶状苞片排成总状圆锥花序状；花白色或淡黄色。荚果常具2个荚节。花期7～9月，果期10～11月。

生于林缘路旁；常见。 全株入药，具有清热解毒、活血散瘀的功效。

葛属 *Pueraria* DC.

本属约有20种，分布于印度向东至日本，向南至马来西亚。我国有10种；广西有4种；姑婆山有1种1变种。

分种检索表

1. 托叶盾状着生；荚果长椭圆形，扁平，被褐色长硬毛······················葛 *P. montana* var. *lobata*
1. 托叶基部着生；荚果近圆柱状，初时稍被紧贴的长硬毛，后近无毛····················
··三裂叶野葛 *P. phaseoloides*

三裂叶野葛

Pueraria phaseoloides（Roxb.）Benth.

　　草质藤本。茎纤细，与叶柄同被黄褐色长硬毛。羽状三出复叶；小叶片全缘或不规则3裂，两面密被长硬伏毛。荚果近圆柱形，初时稍被长硬伏毛，后近无毛，熟时果瓣开裂后扭曲。种子长椭圆形，两端近截平。花期8～9月，果期10～11月。

　　生于林缘路旁；常见。根入药，具有解表退热、生津止咳、止泻、驱虫的功效；根含淀粉，可用于制作糕点或酿酒。

葛

Pueraria montana var. *lobata*（Willd.）Maesen et S. M. Almeida ex Sanjappa et Predeep

藤本。全株被黄色长硬毛。茎粗壮，块根肥厚。羽状三出复叶；顶生小叶片全缘或2～3浅裂，两面被淡黄色硬伏毛。总状花序；花紫色，旗瓣倒卵形，基部有2耳及1个黄色硬痂状附属体，翼瓣镰形，龙骨瓣镰状长圆形。荚果狭长椭圆形，扁平，被黄色长硬毛。花期9～10月，果期11～12月。

生于山坡、沟谷疏林中；常见。　根与花入药，具有解热透疹、生津止渴、解毒、止泻的功效；种子油可作机械润滑油。

密子豆属 *Pycnospora* R. Br. ex Wight et Arn.

本属仅1种，分布于非洲热带地区、亚洲至澳大利亚东部。姑婆山亦有。

密子豆

Pycnospora lutescens（Poir.）Schindl.

半灌木状草本。茎直立或披散状，密被短柔毛。叶为羽状三出复叶，或有时侧生小叶缺而为单叶；小叶片倒卵形或倒卵状长圆形，两面被紧贴柔毛，具小托叶。总状花序顶生；花萼钟状，上部2裂齿完全合生，因而呈4深裂状。荚果长圆形，肿胀，熟时黑色，有明显的横脉，疏被柔毛，顶端具喙，具种子8～10粒，花果期8～9月。

生于沟谷、林缘路旁；少见。全株入药，具有利水消肿、清热解毒的功效。

鹿藿属 *Rhynchosia* Lour.

本属约有200种，分布于热带、亚热带地区，以亚洲和非洲最多。我国有13种；广西有4种；姑婆山有1种。

菱叶鹿藿
Rhynchosia dielsii Harms

缠绕性草本。茎通常密被黄褐色长柔毛或有时混生短柔毛。叶为羽状三出复叶；叶柄长3.5～8 cm，被短柔毛；顶生小叶片卵形、卵状披针形、宽椭圆形或菱状卵形，先端渐尖或尾状渐尖，两面密被短柔毛，背面有松脂状腺点，基出三出脉，侧生小叶稍小，斜卵形。总状花序腋生，长7～13 cm，被短柔毛；花疏生，黄色。荚果长圆形或倒卵形，扁平，熟时红紫色，被短柔毛。花期6～7月，果期8～11月。

生于山坡林下或林缘路旁；少见。 根、茎、叶入药，具有祛风清热的功效。

蝶形花科 Papilionaceae

葫芦茶属 *Tadehagi* H. Ohashi

本属有6种，分布于亚洲热带地区、太平洋群岛和澳大利亚北部。我国有2种；广西姑婆山有2种。

分种检索表

1. 茎直立；荚果密被贴伏毛，无网脉……………………………………………葫芦茶 *T. triquetrum*
1. 茎平卧或披散状；荚果仅腹背两缝线上被睫毛，其余无毛，有网脉……………………
……………………………………………………………………蔓茎葫芦茶 *T. pseudotriquetrum*

蔓茎葫芦茶

Tadehagi pseudotriquetrum（DC.）Yen C. Yang et P. H. Huang

半灌木。茎平卧或披散状，非直立。单叶互生；叶片狭披针形至卵状披针形，先端急尖或有时近渐尖，基部浅心形或圆形，背面于中脉和侧脉上被毛；叶柄具阔翅，先端有小托叶2片。总状花序。荚果扁平，仅于腹背两缝线上被睫毛，无毛，荚节4～8个。花期8月，果期10～12月。

生于沟谷、林缘路旁；少见。 全草入药，具有清热解毒、健脾消食、利尿、杀虫的功效。

车轴草属 *Trifolium* L.

本属约有250种，分布于非洲、亚洲、美洲及欧亚大陆的温带和亚热带地区。我国包括常见引种栽培的有13种；广西有逸生1种；姑婆山亦有。

白车轴草
Trifolium repens L.

多年生草本。茎匍匐蔓生，全株无毛。掌状三出复叶；托叶卵状披针形，基部抱茎成鞘状；叶柄长10～30 cm；小叶片倒卵形至近圆形，先端凹头至钝圆，基部楔形渐窄至小叶柄，侧脉与中脉作50°角展开。花序球形，顶生，直径15～40 mm；花白色、乳黄色或淡红色，具香气。荚果长圆形，通常具种子3粒。花果期5～10月。

逸生于湿润草地、河岸和路边；少见。本种为优良牧草，亦可作绿肥、堤岸防护草种、草坪装饰，以及蜜源和药材等用。

蝶形花科 Papilionaceae

葫芦茶

Tadehagi triquetrum（L.）H. Ohashi

灌木或半灌木。幼枝三棱形。单叶互生；叶柄两侧有宽翅。总状花序顶生和腋生，被贴伏丝状毛和小钩状毛；花冠淡紫色或蓝紫色，伸出萼外。荚果密被黄色或白色糙伏毛，无网脉，有荚节5～8个，荚节近方形。种子宽椭圆形或椭圆形。花期6～10月，果期10～12月。

生于山坡疏林下或林缘路旁；常见。全草入药，具有清热解毒、健脾消食、利尿、杀虫的功效。

狸尾豆属 *Uraria* Desv.

本属约有20种，主要分布于非洲热带地区、亚洲及澳大利亚。我国有7种；广西有5种；姑婆山有1种。

猫尾草

Uraria crinita（L.）Desv. ex DC.

半灌木。一回羽状复叶，通常具5～7片；小叶片近革质，长椭圆形、卵状披针形或卵形，先端急尖、钝或圆，基部圆形至微心形，腹面无毛或仅脉上被毛，背面被短柔毛，两面脉均突起，尤以背面网脉明显；小托叶披针形。总状花序顶生，密被灰白色长硬毛；苞片卵形或披针形，与花梗、花萼均被淡白色的长毛。荚果具2～4个荚节，银灰色，无毛或略被毛。花期6～8月，果期9～10月。

生于山坡路旁；少见。 全草入药，具有散瘀止血、清热止咳的功效。

豇豆属 *Vigna* Savi

本属约有100种，分布于热带亚热带地区。我国有14种；广西有8种；姑婆山1种。

贼小豆　狭叶菜豆
Vigna minima （Roxb.） Ohwi et H. Ohashi

一年生草本。茎纤细，缠绕，无毛或疏被毛。羽状三出复叶；小叶片卵状椭圆形、卵状披针形或披针形，无毛或被极稀疏的糙伏毛。总状花序柔弱，通常有花3～4朵；花序梗远长于叶柄；花冠黄色。荚果纤细，圆柱状，无毛，开裂后旋卷。种子4～8粒，淡灰色，种脐突起。花果期8～10月。

生于山坡路旁；少见。种子入药，具有清热、利尿、消肿、行气、止痛的功效。

旌节花科 Stachyuraceae

本科有1属，即旌节花属 *Stachyurus*，约有8种，分布于亚洲东部。我国产7种；广西有4种；姑婆山有1种。

西域旌节花

Stachyurus himalaicus Hook. f. et Thomson ex Benth.

落叶灌木或小乔木。叶片坚纸质至薄革质，披针形至长圆状披针形，先端渐尖至长渐尖，基部钝圆，边缘具细而密的锐齿，齿尖骨质并加粗；叶柄紫红色。穗状花序腋生，长5～13 cm，无花序梗，通常下垂，基部无叶；花黄色，几无梗；花瓣4片，倒卵形；雄蕊8枚，通常短于花瓣。浆果近球形，无梗或近无梗，具宿存花柱。花期3～4月，果期5～8月。

生于山坡林缘或灌木丛中；少见。 茎髓入药，为中药"通草"，具有清热、利尿渗湿、通乳的功效。

金缕梅科 Hamamelidaceae

金缕梅科 **Hamamelidaceae**

　　本科有30属140种，主要分布于亚洲，也见于北美洲、中美洲及澳大利亚、马达加斯加。我国有18属74种；广西有14属32种；姑婆山有7属8种，其中2属3种为栽培种。

分属检索表

1. 花序为头状花序。
　2. 叶片具羽状网脉，不分裂……………………………………………………**蕈树属** *Altingia*
　2. 叶片具掌状网脉，不裂或3～5裂。
　　3. 托叶线状；蒴果藏于木质的头状果序内……………………………**枫香树属** *Liquidambar*
　　3. 托叶椭圆形；蒴果突出头状果序外……………………………**马蹄荷属** *Exbucklandia*
1. 花序为总状或穗状花序。
　4. 花有花瓣，两性…………………………………………………………**蜡瓣花属** *Corylopsis*
　4. 花无花瓣，单性或杂性…………………………………………………**蚊母树属** *Distylium*

蕈树属 *Altingia* Noronha

　　本属有11种，分布于不丹、柬埔寨、中国、印度、印度尼西亚、老挝、马来西亚、缅甸、越南及泰国北部。我国有8种；广西有1种；姑婆山亦有。

蕈树　阿丁枫
Altingia chinensis（Champ. ex Benth.）Oliv. ex Hance

　　常绿乔木。树皮灰白色。叶片倒卵状长圆形，先端急尖，有时略钝，基部楔形，无毛，边缘有钝齿。雄花为短穗状花序，常多个排成总状花序，雄花多数；雌花为头状花序，单生或数个排成总状，苞片4～5枚。头状果序近于球形，基底平截，不具宿存花柱。花期3～6月，果期7～9月。

　　生于沟谷林缘及山坡、路旁密林中；常见。 根入药，可用于治疗风湿、跌打损伤、瘫痪等；木材所提取的蕈香油可供药用及制香料。

蜡瓣花属 *Corylopsis* Sieb. et Zucc.

本属有29种，分布于亚洲东部。我国有20种；广西有4种；姑婆山有1种。

瑞木
Corylopsis multiflora Hance

半常绿灌木或小乔木。嫩枝有短柔毛；芽体被灰白色茸毛。叶片倒卵形或倒卵状椭圆形，先端锐尖或渐尖，基部心形，近于对称，边缘有齿，腹面脉上有柔毛，背面灰白色，有星状毛；托叶长圆形，被茸毛，早脱落。总状花序，基部有1～5片叶；苞片卵形；花瓣倒披针形。蒴果木质，有短梗。种子黑色。花期4～5月，果期7～8月。

生于山坡、沟谷；少见。根皮、叶入药，可用于治疗恶性发热、呃逆、恶心呕吐、心悸不安、烦乱昏迷、白喉、内伤出血。

金缕梅科 Hamamelidaceae

蚊母树属 *Distylium* Sieb. et Zucc.

本属有18种，分布于亚洲东部及印度、马来西亚。我国有12种；广西有7种；姑婆山有1种。

鳞毛蚊母树

Distylium elaeagnoides H. T. Chang

常绿灌木或小乔木。嫩枝被褐色星状毛；芽体被鳞片。叶片倒卵形至长倒卵形，先端钝，有时略圆，基部楔形，边缘全缘，背面密被银色鳞片；叶柄有鳞片。总状果序腋生，长3～5 cm；果序轴有鳞毛；蒴果长卵圆形，顶端长尖，基部楔形，外面密被鳞片，宿存花柱长2～3 mm，2片裂开，每片2浅裂，基部无宿存萼。果期8月。

生于山坡密林中；常见。

马蹄荷属 *Exbucklandia* R. W. Brown

本属有4种，分布于不丹、印度、印度尼西亚、老挝、马来西亚、缅甸、尼泊尔、泰国、越南等。我国有3种；广西有3种；姑婆山有1种。

大果马蹄荷

Exbucklandia tonkinensis（Lecomte）H. T. Chang

常绿乔木。小枝有褐色柔毛。叶片阔椭圆状菱形，先端渐尖，基部楔形，边缘全缘或幼叶3浅裂，腹面有光泽，背面无毛，掌状脉3～5条；托叶狭长圆形，稍弯曲。头状花序单生或数个排成总状；萼齿鳞片状；无花瓣。果序头状；蒴果较大，表面有小瘤状突起。种子通常6粒，下部2粒有翅。花期5～7月，果期8～9月。

生于疏林或密林；常见。 树皮、根入药，具有祛风湿、活血舒筋、止痛的功效。

金缕梅科 Hamamelidaceae

枫香树属 *Liquidambar* L.

本属有5种，分布于亚洲东部、西南部，以及中美洲和北美洲。我国有2种；广西2种均产；姑婆山有1种。

枫香树

Liquidambar formosana Hance

落叶乔木。树脂有芳香。单叶互生；叶片掌状3裂，叶色有明显的季相变化，通常初冬变黄，至翌年春季落叶前变红。雄性短穗状花序常多个排成总状，雄花雄蕊多数，花丝不等长；雌性花序头状，花序梗长3～6 cm，花柱长6～10 mm，顶端常卷曲。果序头状，木质。花期3～4月，果期9～10月。

生于林缘路旁及山坡、沟谷疏林中；常见。树脂入药，具有解毒止痛的功效；根、叶入药，具有祛风除湿、通经活络的功效。

黄杨科 Buxaceae

本科有4属约100种，分布于热带至温带地区。我国有3属28种；广西有3属15种；姑婆山有1属3种。

黄杨属 *Buxus* L.

本属约有70种，分布于亚洲、欧洲、非洲的热带地区以及古巴、牙买加等地。我国有17种；广西有10种；姑婆山有3种，其中野生种仅1种。

大叶黄杨

Buxus megistophylla H. Lév.

灌木或小乔木。小枝光滑无毛。叶片革质或薄革质，卵形、椭圆形或长圆状披针形至披针形，先端渐尖，基部楔形或急尖，边缘下曲，腹面有光泽，侧脉与中脉成40°～50°；叶柄长2～3 mm。花序腋生；花序轴长5～7 mm，具雄花8～10朵；花柱直立，先端微弯曲，柱头倒心形，下延达花柱的1/3处。蒴果近球形，宿存花柱长约5 mm。花期3～4月，果期6～7月。

生于山坡密林中；少见。茎皮入药，具有祛风湿、强筋骨、活血止血的功效。

杨梅科 **Myricaceae**

本科有3属50多种，主要分布于热带、亚热带和温带地区。我国有1属4种；广西均产；姑婆山有1种。

杨梅属 *Morella* Lour.

本属约有50种，广泛分布于热带、亚热带及温带。我国有4种；广西有4种；姑婆山有1种。

杨梅

Morella rubra Lour.

常绿乔木。小枝及芽被圆形腺体。叶片革质，常密集于小枝上部。花雌雄异株；雄花序单生或数个簇生于叶腋；雌花序常单生于叶腋。核果球状，表面具乳头状突起，外果皮肉质，熟时深红色或紫红色；果核常为阔椭圆形或圆卵形；内果皮极硬，木质。花期4月，果期6～7月。

生于山坡林中；少见。 果实熟时味酸甜，可生食或制酱、蜜饯、果汁和酿酒；果实入药，具有生津止渴、和胃消食的功效；根入药，具有理气行血、化瘀的功效；树皮入药，具有理气散瘀、止痛、利湿的功效。

桦木科 Betulaceae

本科有6属150～200种，主要分布于北温带地区、中美洲和南美洲。我国6属均有，约有70种；广西有2属10种；姑婆山有1属2种。

鹅耳枥属 *Carpinus* L.

本属约有50种，分布于北温带及北亚热带地区。我国有33种；广西有9种；姑婆山有2种。

分种检索表

1. 叶柄较细长，长1.5～3 cm，无毛······················雷公鹅耳枥 *C. viminea*
1. 叶柄较粗短，长0.4～0.7 cm，密被短柔毛··················短尾鹅耳枥 *C. londoniana*

雷公鹅耳枥
Carpinus viminea Lindl.

乔木。树皮深灰色；小枝棕褐色，密生白色皮孔。叶片椭圆形、矩圆形或卵状披针形，先端渐尖、尾状渐尖至长尾状，基部圆楔形、圆形兼有微心形，有时两侧略不等，边缘具规则或不规则的重齿，背面沿脉疏被长柔毛及有时脉腋间被稀少的髯毛；叶柄较细长，多数无毛，偶有稀疏长柔毛或短柔毛。果序下垂；果序梗疏被短柔毛；小坚果宽卵圆形，无毛，有时上部疏生小树脂腺体及细柔毛，具少数细肋。花期4～6月，果期7～9月。

生于山坡密林中或林缘路旁；常见。

壳斗科 Fagaceae

本科有11～12属，除非洲热带地区及南部不产外，几乎分布于全世界，以亚洲的种类最多。我国有7属294种；广西有6属151种；姑婆山有6属29种，其中1属1种为栽培种。

分属检索表

1. 雄花序球状或头状，下垂，雄花花药长1.5～2 mm；雌花1～2朵，偶有3朵；坚果有3脊棱；冬季落叶乔木···水青冈属 *Fagus*
1. 雄花序穗状或圆锥状，直立或下垂；雌花单朵或多朵聚生成簇，分散于花序轴上。
  2. 雄花序直立，雄花有退化雌蕊，花药长约0.25 mm；雌花的柱头细窝点状，颜色几与花柱同。
    3. 叶通常2列；壳斗常有刺，杯状，大部全包坚果，其小苞片呈鳞片状或多少横向连生成圆环···锥属 *Castanopsis*
    3. 叶非2列；壳斗无刺，通常杯状，若全包坚果，则壳斗有刺或线状体或有环状肋纹···柯属 *Lithocarpus*
  2. 雄花序下垂，雄花无退化雌蕊，花药长0.5～1 mm；雌花的柱头面长过于宽，颜色与花柱不同。
    4. 壳斗的小苞片连生成圆环；坚果顶部通常有环圈；常绿乔木·······青冈属 *Cyclobalanopsis*
    4. 壳斗的小苞片鳞片状、线形或狭披针形；坚果顶端有突起柱座；常绿或冬季落叶···栎属 *Quercus*

锥属 *Castanopsis*（D. Don）Spach

本属约有120种，分布于亚洲热带、亚热带地区。我国有58种；广西有32种；姑婆山有12种。

分种检索表

1. 叶片边缘具尖锐齿或近先端有1～2枚尖锐齿。
  2. 叶片长14 cm以上，侧脉每边15～18条···钩锥 *C. tibetana*
  2. 叶片长14 cm以下，侧脉每边10～15条···苦槠 *C. sclerophylla*
1. 叶片边缘全缘或有波状钝齿，绝不为尖锐齿。
  3. 叶片长14 cm以上。
    4. 叶片全缘，有时在先端有少数裂齿，每边侧脉10～15条·····················鹿角锥 *C. lamontii*
    4. 叶片边缘有波状钝裂齿，每边侧脉20～28条·····················黧蒴锥 *C. fissa*
  3. 叶片长14 cm以下。
    5. 小枝、叶被毛或嫩叶被毛。
      6. 叶片背面密被略粗糙的长毛，基部心形或浅耳垂状·····················毛锥 *C. fordii*
      6. 嫩叶背面被脱落性的短柔毛，基部甚短尖至近圆形·····················红锥 *C. hystrix*
    5. 小枝、叶均无毛。
      7. 壳斗只有1个坚果。
        8. 壳斗连刺直径4 cm以上；叶片两面同色·····················吊皮锥 *C. kawakamii*
        8. 壳斗连刺直径4 cm以下。
          9. 壳斗连刺直径0.9～1.5 cm·····················米槠 *C. carlesii*

米槠 白锥

Castanopsis carlesii（Hemsl.）Hayata

常绿乔木。叶片纸质，卵形、卵状披针形或披针形，先端长渐尖至尾尖，边缘中部以上有细齿或全缘，背面幼时被红棕色粉末状鳞秕，老时苍灰色，支脉明显。雄花序穗状或圆锥状；雌花单生于壳斗内。壳斗球形，外壁鳞片贴生细小或短针头状小苞片，小苞片排成连续或间断的6～7个环。坚果1个，近球形，果脐比基部小。花期4～5月，果期翌年9～11月。

生于林缘路旁、山顶、山坡密林及疏林中；常见。 种仁味甜，可生食；树皮可提取栲胶；木材可供制家具、农具。

壳斗科 Fagaceae

厚皮锥　厚皮栲

Castanopsis chunii W. C. Cheng

常绿乔木。叶片椭圆形或卵状椭圆形，先端渐尖或近尾状渐尖，边缘全缘或上部疏生不明显的3～5对粗齿，背面灰绿色，干后苍灰色。壳斗扁球形或近球形，小苞片基部合生并连生成鸡冠状刺环，不完全遮盖壳斗壁，外壁及刺密被灰黄色短柔毛。坚果3个，圆锥形，被毛。花期5～6月，果期翌年9～11月。

生于山坡疏林中或林缘路旁；常见。

甜槠 甜锥

Castanopsis eyrei（Champ. ex Benth.）Hutch.

常绿乔木。叶片卵形至卵状披针形或长椭圆形，先端渐尖或尾尖，边缘全缘或中部以上疏生细齿，网脉纤细明显。雄花序穗状。壳斗宽卵形至近球形，顶端狭尖，全包坚果，熟时3瓣裂，小苞片基部合生或中部合生成刺束，有时连生排成连接或间断的刺环，壳斗外壁上部刺较密，外壁及刺被灰色短毛。坚果1个，宽圆锥形，果脐略小于基部。花期4～5月，果期翌年9～11月。

生于沟谷、山坡疏林中或林缘路旁；常见。种仁含淀粉，可生食，亦可制粉丝、酿酒，入药具有健胃、燥湿、催眠的功效；根皮入药，具有止泻的功效。

壳斗科 Fagaceae

罗浮锥 罗浮栲

Castanopsis faberi Hance

　　常绿乔木。叶片卵状长圆形至狭长椭圆形，先端长渐尖或尾尖，两边略不对称，边缘全缘或上部有钝齿，网脉明显，背面被黄棕色或黄灰色鳞秕。雄花序穗状；雌花3朵生于壳斗内。壳斗球形或宽卵形，不规则瓣裂，外壁中部以上多枚小苞片合生成束。坚果1～3个，圆锥状或三角状圆锥形，一侧平直，果脐近三角形。花期4～5月，果期翌年9～10月。

　　生于山坡疏林、密林中或林缘路旁；常见。 种仁可生食，入药具有滋补、强身、健胃、消食的功效。

栲 丝栗栲

Castanopsis fargesii Franch.

大乔木。嫩枝干后所被粉状鳞秕明显。叶片狭长椭圆形或卵状披针形，先端渐尖，边缘具1～3对浅齿，背面密生红棕色至黄棕色鳞秕。雄花序圆锥状，花序轴被红锈色粉状鳞秕，有时光滑；雌花单生于壳斗内。壳斗近球形，外壁及刺被灰色短毛。坚果圆锥形，嫩时有毛，后变无毛。花期4～5月，果期翌年8～10月。

生于山坡、沟谷疏林中或林缘路旁；常见。 种仁含淀粉，可生食或制粉丝、豆腐及酿酒，入药可用于痢疾；壳斗入药，具有清热、消炎、消肿止痛、止泻的功效。

壳斗科 Fagaceae

黧蒴锥 硬壳斗、大叶栎

Castanopsis fissa（Champ. ex Benth.）Rehder et E. H. Wilson

常绿大乔木。嫩枝被红褐色鳞秕。叶片长椭圆形至倒披针状长圆形，先端钝尖，边缘有波状齿或钝圆齿，背面被灰黄至红褐色鳞秕。雄花多为圆锥花序，花序轴无毛。果序长8～18 cm；壳斗外面有褐色鳞秕，鳞片状小苞片三角形，基部连生成刺束。坚果1个，宽卵形或圆锥状卵形。花期4～6月，果期8～11月。

生于山坡密林中或林缘路旁；常见。 叶入药，外用于跌打损伤、疮疖；果实入药，可用于咽喉肿痛。

毛锥 南岭椎

Castanopsis fordii Hance

　　常绿大乔木。小枝密生黄褐色至暗褐色茸毛。叶片长圆形或狭长椭圆形，先端短尖至钝，背面密生黄褐色或灰褐色茸毛。雄花序穗状或圆锥状。壳斗球形，熟时4瓣裂，小苞片基部合生成束，完全遮盖壳斗壁。坚果扁圆锥形，长1.2～1.5 cm，直径约2 cm，密被棕色茸毛。花期3～4月，果期翌年9～10月。

　　生于山坡路旁；少见。 种仁含淀粉，可生食，入药可用于痢疾。

壳斗科 Fagaceae

苦槠 苦槠栲
Castanopsis sclerophylla（Lindl. et Paxton） Schottky

常绿乔木。叶片长椭圆形至卵状椭圆形，先端渐尖，基部两侧不对称，边缘中部以上有锐齿，网脉明显。雄花序穗状；雌花单生于壳斗内。壳斗圆球形或半球形，嫩时全包或近全包坚果，老时包裹坚果3/5～4/5，外成熟时不规则开裂，鳞片状小苞片三角形，先端针刺状或瘤状突起。坚果近球形，有深褐色短茸毛。花期4～5月，果期9～11月。

生于山坡林下；少见。 种仁含淀粉及单宁，磨粉脱涩后可做豆腐，入药具有燥湿止泻、解毒、除恶血、生津止渴的功效；树皮及叶入药，具有止血、敛疮的功效。

苦槠 苦槠栲

钩锥 钩栲、大叶锥栗

Castanopsis tibetana Hance

常绿大乔木。叶片椭圆形至长椭圆形，先端渐尖，边缘中部以上或上部具疏齿，背面幼时被红褐色鳞秕，后变灰白色或灰棕色。雄花序圆锥状或穗状；雌花单生于壳斗内。壳斗球形，熟时4瓣裂，小苞片基部合生成束，全部遮盖壳斗壁。坚果1个，扁圆锥形，密被褐色茸毛，果脐与果基部近等大。花期4～5月，果期翌年8～10月。

生于山坡杂木林中或林缘路旁；常见。 种仁含淀粉，可酿酒；果实、种子入药，具有健脾止痛、涩肠止泻的功效。

壳斗科 Fagaceae

青冈属 *Cyclobalanopsis* Oerst.

本属有150种，主要分布于亚洲热带、亚热带地区。我国有69种；广西有40种；姑婆山有4种。

分种检索表

1. 叶片全缘或先端有波状齿；壳斗深杯状或筒形·······················**饭甑青冈** *C. fleuryi*
1. 叶片边缘有尖锐齿，至少近先端有锯齿。
 2. 小苞片合生成的同心环带边缘全缘或有细缺刻。
  3. 叶片背面有整齐平伏白色单毛，常有白色鳞秕···············**青冈** *C.glauca*
  3. 叶片背面粉白色，干后为暗灰色，无毛···············**小叶青冈** *C.myrsinifolia*
 2. 小苞片合生成的同心环带边缘有粗齿；叶片边缘中部以上有疏浅齿，背面灰白色·············
···················**褐叶青冈** *C.stewardiana*

饭甑青冈 饭甑槠

Cyclobalanopsis fleuryi（Hickel et A. Camus）Chun ex Q. F. Zheng

常绿乔木。嫩枝密生黄褐色长茸毛。叶片硬革质，长椭圆形，中脉在两面突起。雄花序长10～15 cm，被褐色茸毛；雌花序长2.5～3.5 cm，密被黄色茸毛。壳斗深杯状或筒状，包裹坚果约2/3，外被褐色毡毛。坚果圆柱形，高达5 cm，被锈色茸毛。花期3～4月，果期9～12月。

生于山顶、林缘路旁；常见。 种子含淀粉，处理后可食用及酿酒；树皮及壳斗含鞣质。

青冈 青冈栎

Cyclobalanopsis glauca（Thunb.）Oerst.

常绿乔木。小枝无毛。叶片革质，倒卵状椭圆形或长椭圆形，先端渐尖或短尾状，基部圆形或宽楔形，边缘中部以上有疏齿，腹面无毛，背面有整齐平伏白色单毛，老时渐脱落，常有白色鳞秕，侧脉每边9～13条。雄花序长5～6 cm，花序轴被苍色茸毛。果序长1.5～3 cm，着生果2～3个；壳斗碗形，包裹坚果1/3～1/2，被薄毛。坚果卵形、长卵形或椭圆形，无毛或被薄毛，果脐平坦或微突起。花期4～5月，果期10月。

生于山坡疏林及密林中；少见。 种仁含淀粉，可酿酒，入药具有止渴、止痢、破恶血、健行的功效；树皮入药，具有止产妇流血的功效；叶入药，可用于治疗臁疮、牙松动；壳斗含鞣质，可制栲胶。

壳斗科 Fagaceae

小叶青冈

Cyclobalanopsis myrsinifolia（Blume）Oerst.

常绿乔木。小枝无毛，被突起的淡褐色长圆形皮孔。叶片卵状披针形或椭圆状披针形，先端长渐尖或短尾状，基部楔形或近圆形，边缘中部以上有细齿，背面粉白色，干后为暗灰色，无毛，侧脉每边9～14条，常不达叶缘；叶柄长1～2.5 cm，无毛。壳斗杯形，包裹坚果1/3～1/2，内壁无毛，外壁被灰白色细柔毛；小苞片合生成6～9条同心环带，环带全缘。坚果卵形或椭圆形，无毛。花期6月，果期10月。

生于山坡密林中或林缘路旁；少见。 种仁含淀粉，可制豆腐、酿酒或作糊料，入药具有止泻痢、消食、止渴、令健行、除恶血的功效；树皮、叶入药，具有收敛、止血、敛疮的功效；木材坚硬，为枕木、车轴的良好材料。

褐叶青冈

Cyclobalanopsis stewardiana （A. Camus）Y. C. Hsu et H. W. Jen

常绿乔木。小枝无毛。叶片椭圆状披针形或长椭圆形，先端尾尖或渐尖，基部楔形，边缘中部以上有疏浅齿，背面灰白色，干后带褐色，侧脉每边8～10条；叶柄长1.5～3 cm，无毛。雄花序生于新枝基部，花序轴密生棕色茸毛；雌花序生于新枝叶腋，花序轴及苞片被棕色茸毛。壳斗杯形，包裹坚果约1/2，外壁被灰白色微柔毛，老时毛渐脱落，环带具粗齿。坚果卵形。花期7月，果期翌年10月。

生于山顶、山坡杂木林中；常见。 木材坚硬，为枕木、农具柄等的良好用材。

壳斗科 Fagaceae

水青冈属 *Fagus* L.

本属约有10种，分布于北半球温带和亚热带高山地区。我国有5种；广西有3种；姑婆山有1种。

水青冈　长柄山毛榉

Fagus longipetiolata Seem.

落叶乔木。树干通直，分枝高。叶片卵形或卵状披针形，先端渐尖或短尖，基部宽楔形或圆形，略偏斜。果序梗稍粗，较长，通常倾斜或微下弯或劲直。壳斗熟时4瓣裂，密被褐色茸毛，外壁小苞片线状，下弯或S形弯曲，少有竖直。花期4～5月，果期8～10月。

生于山坡林中；常见。　种仁含油，可食用或作油漆原料；壳斗入药，具有健胃、消食、理气的功效。

柯属 *Lithocarpus* Blume

本属有300多种，主要分布于亚洲东南部至南部，少数分布至东部。我国有123种；广西有55种；姑婆山有8种。

分种检索表

1. 叶片边缘具明显锯齿···烟斗柯 *L. corneus*
1. 叶片边缘全缘，或在先端具1～4个浅齿。
  2. 小枝、叶或嫩叶具毛。
    3. 果脐凹陷，至少果脐的四周边缘明显凹陷。
      4. 小苞片线状，向下弯垂；壳斗为平展的碟状·····························菴耳柯 *L. haipinii*
      4. 小苞片鳞片状，三角形，覆瓦状排列，或横向连生成连续或不连续的圆环。
        5. 壳斗碗状，包着坚果约一半或稍多·····································黑柯 *L. melanochromus*
        5. 壳斗包着坚果底部或最多达1/3···柯 *L. glaber*
    3. 果脐突起···金毛柯 *L. chrysocomus*
  2. 小枝、叶无毛。
    6. 果脐口径13～16 mm···厚斗柯 *L. elizabethiae*
    6. 果脐口径不超12 mm。
      7. 叶片边缘在上段有波状钝裂齿，稀全缘，侧脉每边8～13条·············港柯 *L. harlandii*
      7. 叶片边缘全缘，或叶缘略背卷，中脉在腹面至少下半段明显突起，侧脉纤细而密········
      ···硬壳柯 *L. hancei*

金毛柯 金毛石柯、金毛石栎
Lithocarpus chrysocomus Chun et Tsiang

乔木。叶片椭圆形或披针状长椭圆形，先端长渐尖，背面密生红褐色糠秕状蜡质鳞秕。壳斗近球形或陀螺状球形，包裹坚果大部分，无柄；鳞片状小苞片三角形，先端分离，基部与壳斗合生，隆起，幼时被粉末状至黄棕色鳞秕。坚果球形，被黄灰色平伏细毛。花期6～8月，果期翌年8～11月。

生于山坡、山顶、沟谷；常见。种仁含淀粉，可酿酒或作糊料；壳斗可提制栲胶。

壳斗科 Fagaceae

烟斗柯 烟斗石栎、石柯、烟斗椆

Lithocarpus corneus（Lour.）Rehder

　　乔木。小枝无毛或被短柔毛。叶聚生于小枝上部；叶片薄革质，长椭圆形或倒披针形，长6～20 cm，边缘基部以上有锯齿或为波状。壳斗深碗状半球形，除顶部外，全包裹坚果。坚果半球形或宽陀螺形，高1.5～3 cm，宽2.5～5 cm，顶部圆，平坦或中央略凹陷，果壁近角质。花期5～6月，果期10～12月。

　　生于山坡常绿阔叶林中或林缘路旁；常见。 种子含淀粉，种仁煮熟后可食，无涩味。

柯 椆木、石栎
Lithocarpus glaber（Thunb.）Nakai

乔木。叶片长椭圆形、倒卵状椭圆形或倒卵形，先端长渐尖，有时近先端有2～4个浅齿，嫩叶背面中脉被糠秕状蜡质鳞秕，干后灰白色。壳斗碗状，鳞片状小苞片三角形，紧贴，有时略连生成环。坚果长椭圆形，顶端尖，略被白色粉霜，基部与壳斗愈合，果脐内凹。花期7～11月，果期翌年7～11月。

生于山坡、山谷杂木林中；较常见。 种仁含淀粉可食，可用于制豆腐、酿酒；树皮韧皮部入药，具有利水消肿的功效；花序入药，具有顺气消食、健胃杀虫的功效。

壳斗科 Fagaceae

硬壳柯 硬斗柯、硬斗石栎

Lithocarpus hancei（Benth.）Rehder

乔木。叶片长卵形或长椭圆形，先端渐尖或短尾尖，有时腹面有淡白色粉状物。壳斗浅盘状或碟状，无柄，包裹坚果基部，鳞片状小苞片三角形，与壳斗壁愈合，微被灰白色或灰黄色短茸毛。坚果圆锥形至扁球形或近球形，淡黄色，顶端短尖或平圆，果脐凹陷。花期4～5月，果期翌年10～12月。

生于沟谷、山坡、山顶林下；常见。

栎属 *Quercus* L.

本属约有300种，广泛分布于亚洲、非洲、欧洲和美洲。我国有35种；广西有19种；姑婆山有3种。

分种检索表

1. 叶柄较短，长3～5 mm。
　2. 叶片长2～8 cm，宽1.5～3 cm，基部圆形或近心形，叶缘中部以上具疏锯齿……………………
　　……………………………………………………………………乌冈栎 *Q. phillyraeoides*
　2. 叶片长7～15 cm，宽3～8 cm，基部楔形或窄圆形，叶缘具波状锯齿或粗钝锯齿……………
　　………………………………………………………………………………白栎 *Q. fabri*
1. 叶柄较长，长1～2 cm…………………………………………………富宁栎 *Q. setulosa*

乌冈栎 乌冈山栎
Quercus phillyraeoides A. Gray

灌木，或可长成多分枝的小乔木状。叶柄极短，叶片中脉在腹面明显突起，侧脉纤细，较少而不显著，边缘细齿较密，通常在两侧脉之间具1枚细齿。壳斗杯状，小苞片长约1 mm，紧贴，除先端外被白色柔毛。坚果卵状椭圆形，长1.5～1.8 cm，径约8 mm。花期3～4月，果期9～10月。

生于山坡、山顶密林中；少见。 种子含淀粉，可食用及酿酒；果的虫瘿入药，具有健脾消积、理气、清火、明目的功效；根入药，可用于肠炎、痢疾。

壳斗科 Fagaceae

白栎

Quercus fabri Hance

落叶乔木或灌木状。小枝密被灰色至灰褐色茸毛。叶片倒卵形、椭圆状倒卵形，先端钝或短渐尖，基部楔形或窄圆形，边缘具波状齿或粗钝齿，侧脉每边8～12条，幼时两面被灰黄色星状毛；叶柄长3～5 mm，被棕黄色茸毛。雄花序长6～9 cm，花序轴被绒毛；雌花序长1～4 cm，具2～4朵花。壳斗杯形，包裹坚果约1/3；坚果长椭圆形或卵状长椭圆形，无毛，果脐突起。花期4月，果期10月。

生于山坡疏林或林缘路旁；常见。 种子含淀粉，可食用，并可作酿酒原料；树皮可提取栲胶；木材坚硬，可供建筑、车辆等用材。

榆科 Ulmaceae

本科有16属约230种，广泛分布于热带至温带地区。我国有8属46种；广西有8属26种；姑婆山有3属5种1变种。

分属检索表

1. 叶片侧脉未达边缘前弧曲；花单性或杂性，雌雄同株或异株，两性花结实。
　2. 落叶树，稀常绿；叶片腹面通常较平滑；雌花或两性花单生或数朵簇生；雄花的萼片覆瓦状排列，雌花萼片在结果时脱落……………………………………………**朴属 Celtis**
　2. 常绿树；叶片腹面通常粗糙；花排成聚伞花序；雄花的萼片内向镊合状排列，雌花的萼片结果时宿存……………………………………………**山黄麻属 Trema**
1. 叶片侧脉直伸达边缘，伸入锯齿先端；花单性，雌雄同株，单性花结实……**糙叶树属** *Aphananthe*

糙叶树属 *Aphananthe* Planch.

本属有5种，主要分布于亚洲东部和大洋洲东部的热带、亚热带地区。我国有2种1变种；广西有1种1变种；姑婆山有1种。

糙叶树
Aphananthe aspera（Thunb.）Planch.

乔木。幼枝被平伏硬毛，后变无毛。叶片卵形或卵状椭圆形，先端渐尖或长尖，基部圆形或宽楔形，对称或偏斜，边缘单齿尖细，两面被糙伏毛，粗糙；叶柄被平伏毛。花与叶同时开放或先于叶开放。核果近球形，略扁，被平伏硬毛，熟时紫黑色。花期5～7月，果期8～10月。

生于山坡疏林或林缘路旁；少见。 叶可作牛、马的饲料，亦可制农药防治棉蚜虫；根皮、茎皮入药，具有舒筋活络、止痛的功效；花入药，可用于治疗胃病。

朴属 *Celtis* L.

本属约有60种，广泛分布于热带至温带地区。我国有11种；广西有8种；姑婆山有2种。

分种检索表

1. 核果通常单生于叶腋；叶片边缘常具锯齿···朴树 *C. sinensis*
1. 核果2个腋生于短缩的果序梗上；叶片边缘中上部具锯齿·······················紫弹树 *C. biondii*

紫弹树 拨落子、米吃天
Celtis biondii Pamp.

落叶乔木。幼枝密被红褐色柔毛，后变无毛。叶片宽卵形至卵状椭圆形，先端渐尖，基部偏斜，宽楔形至近圆形，边缘中上部有单齿或全缘，幼时两面被毛，老叶无毛；叶柄有粗毛。核果通常2个（稀3个）腋生于短缩的总梗上，近球形，熟时橙红色或带黑色；果梗被毛；果核具网纹。花期4～5月，果期9～10月。

生于山坡、山顶疏林或密林中；常见。 可用作庭园绿化树种；枝皮纤维可制人造棉或作造纸原料；种子油可供制肥皂；根皮、茎枝、叶入药，具有清热解毒、祛痰、利尿的功效。

朴树

Celtis sinensis Pers.

　　落叶乔木。幼枝、幼叶背面及叶柄幼时被黄褐色柔毛，后变无毛，或仅叶背面脉腋有柔毛。叶片卵形或卵状椭圆形，先端尖至渐尖，不为尾状渐尖，基部几不偏斜，边缘常具钝齿，稀近全缘。核果通常单个（稀2～3个）生于叶腋，果梗与邻近的叶柄近等长或稍长，无毛或被短柔毛，熟时黄色或橙黄色。花期4～5月，果期11～12月。

　　生于林缘路旁；常见。　种子油可用于制肥皂和润滑油；茎皮或根皮入药，具有调经的功效；叶入药，具有清热解毒的功效。

山黄麻属 *Trema* Lour.

本属有15种，分布于热带、亚热带地区。我国有6种；广西有5种1变种；姑婆山有2种1变种。

分种检索表

1. 叶片纸质或革质，背面被茸毛（毡毛）或短茸毛；雄花近于无梗……………………山黄麻 *T. tomentose*
1. 叶片薄纸质或近膜质，背面光滑或被柔毛；雄花多少具梗。
  2. 小枝被贴生的柔毛；叶片近膜质，两面近光滑无毛，仅在背面脉上疏生柔毛；聚伞花序一般长不超过叶柄；花被片外面近无毛；花药无紫色斑点……………………光叶山黄麻 *T. cannabina*
  2. 小枝被斜伸的粗毛；叶片薄纸质，腹面被糙毛，后渐脱落，粗糙，背面被柔毛，在脉上有粗毛；聚伞花序一般长过叶柄；花被片外面有细糙毛和紫色斑点；花药外面常有紫色斑点…………………………………………………………………………………山油麻 *T. cannabina* var. *dielsiana*

光叶山黄麻

Trema cannabina Lour.

灌木或小乔木。小枝被微柔毛。叶片卵形至卵状披针形，先端尾状长渐尖，基部圆形或浅心形，边缘具锯齿，腹面平滑无毛或微粗糙，背面无毛或仅在脉上疏生柔毛，具明显三出脉；叶柄被微毛。花序通常长不过叶柄，近无毛；花小，白色，萼片5片。核果小，熟时红色。花期4～7月，果期10～12月。

生于山坡疏林或林缘路旁；少见。茎皮纤维可用于造纸和制人造棉；种子油可制肥皂或润滑油。

山黄麻　麻络木、水麻

Trema tomentosa（Roxb.）H. Hara

　　小乔木或灌木。小枝密被直立或斜展的灰褐色或灰色短茸毛。叶片宽卵形或卵状矩圆形，基部心形，明显偏斜，边缘有细齿，腹面有直立的基部膨大的硬毛，背面被短茸毛，基出脉3条。雄花序长2～4.5 cm，雌花序长1～2 cm。核果宽卵珠状，压扁。花期3～6月，果期9～11月。

　　生于林缘、路旁；常见。 根、叶入药，具有清凉止痛、止血、散瘀消肿的功效；种子油可制肥皂或作润滑油。

桑科 Moraceae

本科有37～43属约1400种，主要分布于热带、亚热带地区，少数分布于温带地区。我国有9属144种；广西有9属102种；姑婆山5属20种5变种，其中1种为栽培种。

分属检索表

1. 雄、雌花序均为球形头状。
　2. 花生于密闭的花序托（隐头花序）的内壁…………………………………**榕属** *Ficus*
　2. 花序托开张或为头状、圆柱状或棒状。
　　3. 雌雄异株，雌、雄花序均为球形头状，花4朵；植物体具刺………………**柘属** *Maclura*
　　3. 雌雄同株，雌、雄花序均为圆柱状或头状；植物体无刺……………**波罗蜜属** *Artocarpus*
1. 雄花序穗状。
　4. 雌花序为穗状…………………………………………………………………**桑属** *Morus*
　4. 雌花序为球形头状…………………………………………………………**构属** *Broussonetia*

波罗蜜属 *Artocarpus* J. R. Forst. et G. Forst.

本属约有50种，分布于亚洲热带、亚热带地区、太平洋群岛。我国有14种；广西有5种；姑婆山有1种。

白桂木　夏署果、将军树
Artocarpus hypargyreus Hance

大乔木。叶片椭圆形至倒卵形，先端渐尖至短尖，背面绿色，脉间被粉末状柔毛，网脉明显，干时背面灰白色。花序单生或腋生；雄花花被片4裂，裂片匙形，与盾形苞片紧贴，外面被柔毛。聚合果近球形，表面被褐色柔毛，具乳头状突起。花期春夏季，果期秋季。

生于山坡林下；罕见。 广西重点保护野生植物；果入药，具有助消化的功效。

构属 *Broussonetia* L'Hér. ex Vent.

本属有4种，分布于亚洲东部和太平洋岛屿。我国有4种；广西有3种；姑婆山有2种1变种。

分种检索表

1. 高大乔木；枝粗而直···构 *B. papyrifera*
1. 直立灌木或攀缘灌木。
  2. 直立灌木；叶片斜卵形，基部斜楔形，边缘具粗齿··················小构树 *B. kazinoki*
  2. 攀缘灌木；小枝显著伸长；叶片卵状椭圆形，基部浅心形，边缘具细齿······················
  ···藤构 *B. kaempferi* var. *australis*

藤构

Broussonetia kaempferi var. *australis* Suzuki

攀缘灌木。小枝显著伸长。叶互生，螺旋状排列；叶片近对称卵状椭圆形，长3.5～8 cm，宽2～3 cm，基部心形或截形，边缘具细齿，齿尖具腺体。花雌雄异株；雄花序短穗状，长1.5～2.5 cm；雌花集生为球形头状花序。聚花果直径1 cm，宿存花柱线形，延长。花期4～6月，果期5～7月。

生于沟谷、山坡；常见。叶入药，具有清热解毒、祛风止痒、敛疮止血的功效。

小构树

Broussonetia kazinoki Sieb.

灌木。茎直立，枝斜上。叶片斜卵形，先端渐尖至尾尖，基部斜圆形，边缘齿粗；花雌雄同株；雄花序球形头状；雄花被片4（3）裂，被毛，雄蕊与花被裂片同数且对生；雌花序球形，被毛，花被管状，顶端微齿或平截，花柱线形。聚花果球形，具宿存花萼。花期4～5月，果期5～6月。

生于沟谷林下或林缘灌木丛中；常见。 根皮入药，具有祛风、活血、利尿的功效；嫩枝叶、树汁入药，具有解毒、杀虫的功效；韧皮纤维可造纸。

构

Broussonetia papyrifera （L.）L'Hér. ex Vent.

乔木。小枝密生柔毛。叶螺旋状排列；叶片广卵形至长椭圆状卵形，先端渐尖，基部心形，两侧常不相等，边缘具粗齿，不裂或3～5裂，幼叶常有明显分裂，腹面粗糙且疏被糙毛，背面密被茸毛。花雌雄异株；雄花序为柔荑花序，雌花序球形头状。聚花果熟时橙红色，肉质。花期4～5月，果期6～7月。

生于山坡、路旁、村旁或田园；常见。 聚合果入药，具有补肾、清肝、明目、利尿的功效；根入药，具有凉血散瘀、清热利尿、化痰止咳的功效；韧皮纤维可造纸。

榕属 *Ficus* L.

本属约有1000种，主要分布于热带、亚热带地区。我国约有150种；广西约有72种；姑婆山有13种4变种。

分种检索表

1. 攀缘藤本或匍匐状灌木。
  2. 榕果明显具总梗，大型，长5～7 cm ·························薜荔 *F. pumila*
  2. 榕果无总梗或近无总梗。
    3. 榕果顶生苞片直立，长0.2～0.4 cm，基生苞片长0.3～0.6 cm；榕果略呈圆锥形，无总梗，或具极短的总梗 ··················珍珠榕 *F. sarmentosa* var. *henryi*
    3. 榕果顶生苞片不突起，基生苞片短；榕果近球形。
      4. 叶片背面网脉略明显，有或无褐色柔毛 ·········白背爬藤榕 *F. sarmentosa* var. *nipponica*
      4. 叶片背面网脉明显突起，被褐色柔毛 ·············长柄爬藤榕 *F. sarmentosa* var. *luducca*
1. 乔木或灌木。
  5. 叶片边缘无细齿。
    6. 叶片边缘全缘或有钝齿。
      7. 叶片小，腹面无粗糙感幼叶叶脉疏被短柔毛 ·············台湾榕 *F. formosana*
      7. 乔木；叶片大，腹面粗糙，被短粗毛，背面被灰色粗糙毛 ··············对叶榕 *F. hispida*
    6. 叶片边缘全缘，无齿。
      8. 榕果无梗或几无梗。
        9. 灌木或小乔木；叶片琴形、椭圆形或椭圆状披针形，长10～18 cm，宽2～7 cm ·········
          ·········异叶榕 *F. heteromorpha*
        9. 大乔木；叶片狭椭圆形，长4～8 cm，宽3～4 cm ·············榕树 *F. microcarpa*
      8. 榕果明显具梗。
        10. 叶片线状披针形。
          11. 叶片基部圆，基出侧脉稍发达，达叶片的1/5，背面叶脉突起 ·············
          ·············长叶冠毛榕 *F. gsparriniana* var. *esquirolii*
          11. 叶片基部宽楔形或微圆，基出侧脉不发达，背面叶脉不突起 ·············
          ·············竹叶榕 *F. stenophylla*
        10. 叶片非上述情况。
          12. 叶片琴形，两侧有时缺刻状 ·············琴叶榕 *F. pandurata*
          12. 叶片非琴形。
            13. 叶片基部圆形或浅心形 ·············矮小天仙果 *F. erecta*
            13. 叶片基部楔形至近圆形。
              14. 榕果密生白色短硬毛 ·············石榕树 *F. abelii*
              14. 榕果无毛。
                15. 榕果单生叶腋，直径2～3 cm ·············舶梨榕 *F. pyriformis*
                15. 榕果成对或单生于叶腋，直径1～1.2 cm ·············变叶榕 *F. variolosa*
  5. 叶片边缘具细齿，稀全缘。
    16. 叶片常3～5深裂 ·························粗叶榕 *F. hirta*
    16. 叶片不分裂 ·························岩木瓜 *F. tsiangii*

矮小天仙果

Ficus erecta Thunb.

大型落叶灌木。枝粗壮，近无毛，疏分枝。叶片倒卵形至狭倒卵形，先端急尖，具短尖头，基部圆形或浅心形，腹面无毛，微粗糙，背面近光滑。榕果单生于叶腋，球形，无毛，熟时红色；果梗细。花果期5～6月。

生于林缘路旁、水旁及山坡密林下；常见。 果实入药，可用于治疗痔疮。

桑科 Moraceae

长叶冠毛榕

Ficus gasparriniana var. *esquirolii* （H. Lév. et Vaniot） Corner

灌木。小枝纤细，节短，幼嫩部分被糙毛，后近于无毛。叶片披针形，边缘全缘，腹面粗糙，具瘤体，背面微被柔毛，侧脉8～18对；叶柄被柔毛；托叶披针形。榕果成对或单生于叶腋，具梗，球形至椭球形，直径10 mm或更大，熟时紫红色；顶生苞片脐状突起，红色，基生苞片3枚，宽卵形。花期5～7月，果期10～11月。

生于山坡、沟谷疏林中或林缘路旁；常见。

异叶榕 异叶天仙果

Ficus heteromorpha Hemsl.

落叶灌木或小乔木。小枝红褐色。叶片琴形、椭圆形或椭圆状披针形，先端渐尖或为尾状，基部圆形或浅心形，边缘全缘或微波状，腹面略粗糙，背面有细小钟乳体，基生侧脉较短，侧脉红色；叶柄红色。榕果成对生于短枝叶腋，稀单生，球形或圆锥状球形，光滑，熟时紫黑色。花期4～5月，果期5～7月。

生于山坡林缘；常见。茎皮纤维供造纸；叶可作猪饲料；成熟榕果可食或制果酱，入药，具有下乳补血的功效；根入药，可用于治疗牙痛、久痢。

粗叶榕

Ficus hirta Vahl

灌木或小乔木。嫩枝中空，全株有乳汁；枝、叶、叶柄和花序托（榕果）均被金黄色长硬毛。叶片长椭圆状披针形或广卵形，边缘有细齿；托叶卵状披针形，膜质，红色，被柔毛。榕果成对或生于已落叶的枝上，球形或椭圆状球形，疏被毛。花果期3～11月。

生于山坡、路旁；常见。根、榕果入药，具有祛风消肿、活血祛瘀、清热解毒的功效，可用于治疗风湿骨痛、闭经、产后瘀血腹痛、白带异常、睾丸炎、跌打损伤。

薜荔 凉粉果

Ficus pumila L.

常绿攀缘灌木。叶二型；不结果枝上的叶片小而薄，卵状心形；结果枝上的叶片较大，革质，卵状椭圆形。榕果单生于叶腋；瘿花果梨形，雌花果近球形，长4～8 cm，直径3～5 cm，顶部截平，略具短钝头或脐状突起，内生众多细小的黄棕色圆球状瘦果。花期5～6月，果期9～10月。

生于林缘路旁、山坡疏林中；常见。 榕果入药，具有清热解毒、补肾固精、活血、催乳的功效；幼枝入药，具有祛风通络、活血止痛的功效；根入药，具有祛风除湿、舒筋活络的功效；茎叶入药，具有祛风除湿、活血解毒的功效；瘦果水洗液可制凉粉。

珍珠榕

Ficus sarmentosa var. *henryi* （King ex Oliv.） Corner

攀缘状灌木。藤茎略匍匐状，幼枝密被褐色长柔毛。叶片革质，卵状椭圆形，先端渐尖，基部圆形至楔形，腹面无毛，背面密被褐色柔毛或长柔毛，侧脉5～7对，小脉网结成蜂窝状。榕果成对腋生，圆锥形，密被褐色长柔毛，成长后脱落，顶生苞片直立；无梗或具短梗。花期4～5月，果期10～11月。

生于林缘路旁、山坡密林中；少见。瘦果水洗液可制作冰凉粉；根、藤茎入药，具有消肿解毒、杀虫的功效；榕果入药，可用于治疗睾丸偏坠、内痔、便血。

竹叶榕

Ficus stenophylla Hemsl.

小灌木。叶片条状披针形，两面无毛。雄花被片3～4枚，卵状披针形，红色，雄蕊2～3枚，花丝短；瘿花花柱短；雌花花被片4枚，条形。榕果椭圆形。瘦果透镜状，一侧微凹；宿存花柱侧生，纤细。花果期5～7月。

生于水旁及沟谷、山坡密林及疏林中；常见。 全株入药，具有祛痰止咳、行气活血、祛风除湿的功效。

变叶榕 细叶牛乳树

Ficus variolosa Lindl. ex Benth.

灌木或小乔木。小枝节间短。叶片薄革质，狭椭圆形至椭圆状披针形，先端钝或钝尖，基部楔形，边缘全缘，侧脉与中脉略成直角。榕果成对或单生于叶腋，球形，表面有瘤体；瘿花子房球形，花柱短，侧生；雌花生于另一植株榕果内壁。瘦果表面有瘤体。花果期12月至翌年6月。

生于山坡、沟谷疏林中；常见。 根入药，具有补肾肝、强筋骨、祛风湿的功效；枝叶入药，具有清热解毒的功效；鲜茎烧取留汁，外用于淋巴结结核。

柘属 *Maclura* Nutt.

本属约有12种，分布于大洋洲至亚洲。我国有5种；广西有3种；姑婆山有1种。

构棘 葨芝、穿破石

Maclura cochinchinensis （Lour.） Corner

直立或攀缘状灌木。根皮橙黄色。枝具棘刺。叶片革质，椭圆状披针形或长圆形，边缘全缘。雌雄异株，均为具苞片的球形头状花序；苞片内具2个黄色腺体；雄花被片4枚，不相等，雄蕊4枚；雌花序微被毛，花被片先端厚，基部有2个黄色腺体。聚合果肉质，熟时橙红色。花期4～5月，果期9～10月。

生于山坡、沟谷疏林中或林缘路旁；常见。 根入药，具有止咳化痰、祛风利湿、散瘀止痛的功效。

桑属 *Morus* L.

本属约有16种，主要分布于北温带地区。我国有11种；广西有6种；姑婆山有3种，其中1种为栽培种。

分种检索表

1. 雌花具明显的花柱···鸡桑 *M. australis*

1. 雌花花柱极短···**华桑** *M. cathayana*

鸡桑

Morus australis Poir.

灌木或小乔木。树皮灰褐色。叶片卵形，先端急尖或尾状，基部楔形或心形，边缘具粗齿，不分裂或3～5裂；托叶线状披针形，早落。雄花序长1～1.5 cm，雄花绿色，具短梗，花被片卵形，花药黄色；雌花序球状，长约1 cm，密被白色柔毛，雌花花被片长圆形，暗绿色，花柱很长，柱头2裂，内面被柔毛。聚花果短椭圆形，熟时红色或暗紫色。花期3～4月，果期4～5月。

生于林缘；少见。 果可食用；叶入药，具有清热解毒、解表的功效；根皮入药，具有泻肺火、利小便的功效。

荨麻科 Urticaceae

本科有47属约1300种，广泛分布于热带至温带地区。我国有25属341种；广西有17属183种；姑婆山有8属25种1变种。

分属检索表

1. 花柱不存在；钟乳体多为线状或杆状。
  2. 叶对生……………………………………………………………………………………冷水花属 *Pilea*
  2. 叶互生。
    3. 雌雄花序均正常分枝……………………………………………………………赤车属 *Pellionia*
    3. 雌花序轴及分枝形成花序托…………………………………………………楼梯草属 *Elatostema*
1. 花柱多存在；钟乳体点状。
  4. 柱头丝线形；多为草本。
    5. 雄花蕾不向内成直角弯曲。
      6. 叶片较大；柱头宿存；瘦果无光泽……………………………………苎麻属 *Boehmeria*
      6. 叶片较小；柱头脱落；瘦果有光泽……………………………………雾水葛属 *Pouzolzia*
    5. 雄花蕾在中部向内成直角弯曲；叶对生…………………………………糯米团属 *Gonostegia*
  4. 柱头不为丝线形；灌木或半灌木。
    7. 果皮壳质………………………………………………………………舌柱麻属 *Archiboehmeria*
    7. 果皮多少肉质…………………………………………………………………紫麻属 *Oreocnide*

舌柱麻属 *Archiboehmeria* C. J. Chen

本属有1种，分布于中国和越南北部。广西姑婆山亦有。

舌柱麻 细水麻叶
Archiboehmeria atrata（Gagnep.）C. J. Chen

灌木或半灌木。叶片卵形至披针形，先端尾状渐尖，基部圆形或骤缩成宽楔形，稀浅心形，腹面干后墨绿色。花雌雄同株；雄花序生于下部叶腋。瘦果卵形，有疣状突起。花期5～8月，果期8～10月。

生于林缘路旁及山坡、沟谷疏林中；常见。韧皮纤维可供纺织用。

苎麻属 *Boehmeria* Jacq.

本属有65种，分布于热带、亚热带地区，很少分布于温带地区。我国有25种；广西有22种；姑婆山有3种1变种。

分种检索表

1. 叶互生；团伞花序组成圆锥花序。
  2. 茎密被开展的长硬毛；托叶分生；叶片背面密被雪白色毡毛·····················苎麻 *B. nivea*
  2. 茎无开展的长硬毛，被贴伏或向上展的短糙毛；托叶基部合生·····················
  ·····························青叶苎麻 *B. nivea* var. *tenacissima*
1. 叶对生；团伞花序组成穗状花序或圆锥花序。
  3. 叶片卵形或宽卵形，先端渐变狭，基部常宽楔形·····················野线麻 *B. japonica*
  3. 叶片扁五角形或扁圆卵形，先端近截形，基部截形或浅心形··········**悬铃叶苎麻 *B. tricuspis***

野线麻 长穗苎麻、大叶苎麻

Boehmeria japonica（L. f.）Miq.

半灌木或多年生草本。植株上部通常被较密的糙毛。叶对生；叶片近圆形、卵圆形或卵形，先端骤尖，有时不明显三骤尖，基部宽楔形或截形，边缘在基部之上有齿，腹面粗糙，被短糙伏毛，背面沿脉网被短柔毛。雌雄异株，穗状花序单生于叶腋；雄花花被片4枚，基部合生，外面被短糙伏毛；雌花花被先端有2枚小齿，上部密被糙毛。瘦果倒卵球形，光滑。花期6～9月，果期9～11月。

生于林缘路旁；常见。茎皮纤维可代麻，供纺织麻布用；叶入药，具有清热解毒、消肿的功效。

苎麻

Boehmeria nivea（L.）Gaudich.

半灌木或灌木。叶互生；叶片通常圆卵形或宽卵形，少数卵形，长6～15 cm，宽4～11 cm，边缘在基部之上有齿，腹面稍粗糙，疏被短伏毛，背面密被雪白色毡毛。圆锥花序腋生，雌雄同株或异株，或同一植株的全为雌性，植株上部的为雌性，下部的为雄性。瘦果近球形，光滑。花期5～8月，果期9～11月。

生于山坡、路旁；常见。茎皮纤维可织夏布、人造棉、渔网等，与羊毛、棉花混纺可制成高级衣料；根入药，具有清热解毒、止血散瘀、凉血安胎的功效；皮入药，具有清烦热、利尿、散瘀、止血的功效；叶入药，具有止血凉血、散瘀的功效；花入药，具有清心、利肠胃、散瘀的功效；嫩叶可饲养蚕。

青叶苎麻

Boehmeria nivea var. *tenacissima* （Gaudich.） Miq.

半灌木或灌木。茎和叶柄密被疏被短伏毛。叶互生；叶片多为卵形或椭圆状卵形，先端长渐尖，基部多为圆形，稀为楔形，背面疏被短伏毛，绿色，或被薄层白色毡毛；托叶基部合生。团伞圆锥花序腋生，雌雄同株或异株，或植株上部的为雌性，下部的为雄性，或同一植株的全为雌性。瘦果近球形，光滑。花期8～10月。

生于山坡疏林下或林缘路旁；少见。 根入药，具有去毒、清血、散热的功效；茎皮纤维可织夏布、人造棉、渔网等，与羊毛、棉花混纺可制成高级衣料；嫩叶可饲养蚕。

楼梯草属 *Elatostema* J. R. Forst. et G. Forst.

本属约有300种，分布于非洲热带地区、亚洲至大洋洲。我国有146种；广西有70种；姑婆山有6种。

分种检索表

1. 雄花序分枝，无花序托；苞片互生，不形成总苞。
  2. 叶片具半离基三出脉··硬毛楼梯草 *E. hirtellum*
  2. 叶片具羽状网脉。
    3. 叶片边缘有3～7枚钝齿，狭长圆形；雄花四基数··············钝齿楼梯草 *E. obtusidentatum*
    3. 叶片边缘有10枚以上钝齿；雄花五基数·······················长圆楼梯草 *E. oblongifolium*
1. 雄花序不分枝，形成不明显或明显的花序托；苞片多少合生，形成总苞。
  4. 雄花序的花序托明显，呈盘状···盘托楼梯草 *E. dissectum*
  4. 雄花序托极小。
    5. 半灌木，多分枝···狭叶楼梯草 *E. lineolatum*
    5. 草本，分枝或不分枝···钝叶楼梯草 *E. obtusum*

狭叶楼梯草

Elatostema lineolatum Wight

半灌木。茎多分枝；小枝密被贴伏或开展的短糙毛。叶无柄或具极短柄；叶片斜倒卵状长圆形或斜长圆形，先端骤尖，骤尖头全缘，基部斜楔形，两面沿中脉及侧脉被短伏毛，毛在背面较密，或腹面只散生少数短硬毛，钟乳体稍明显或不明显，叶脉近羽状，侧脉每边4～8条。花序雌雄同株，无梗。瘦果椭圆球形，约有7条纵肋。花期10月至翌年5月。

生于山地沟边、林缘灌木丛中；常见。 全草入药，具有消炎接骨的功效，可用于痈疽、骨折。

荨麻科 Urticaceae

长圆楼梯草

Elatostema oblongifolium S. H. Fu ex W. T. Wang

多年生草本。叶片斜狭长圆形，先端长渐尖或渐尖，基部在狭侧钝或楔形、在宽侧圆形或浅心形，边缘下部全缘，上部至先端有浅钝齿，无毛，稀在腹面被少数散生的糙伏毛，钟乳体稍明显，极密；下部叶较小，斜椭圆形。雄花序具极短梗，聚伞状，分枝下部合生，花被片5枚，狭椭圆形；雌花序具短梗，2个腋生，近长方形，苞片有疏睫毛。瘦果椭圆球形或卵球形，约有8条纵肋。花期4～8月。

生于山坡、沟谷；常见。 全草入药，具有行血、消肿止痛的功效。

钝叶楼梯草

Elatostema obtusum Wedd.

　　草本。茎有反曲的短糙毛。叶无柄或具极短柄；叶片斜倒卵形或斜倒卵状椭圆形，先端钝，基部在狭侧楔形，在宽侧心形或近耳形，边缘在狭侧上部有1～2枚钝齿，在宽侧中部以上有2～4枚钝齿，两面无毛或腹面疏被短伏毛，基出脉3条。花序雌雄异株；雄花序有梗；苞片2枚，卵形，被短毛；雄花花被片4枚，倒卵形，基部合生，外面被疏毛；雌花序无梗；苞片2枚，狭长圆形、披针形或狭卵形，外面有疏毛，先端常骤尖。瘦果狭卵球形，稍扁，光滑。花期6～9月。

　　生于山坡密林下或林缘路旁；常见。　全草入药，具有清热解毒、祛瘀止痛的功效。

荨麻科 Urticaceae

糯米团属 *Gonostegia* Turcz.

本属有3种，分布于亚洲热带、亚热带地区及澳大利亚。我国有3种；广西有2种；姑婆山有1种。

糯米团

Gonostegia hirta（Blume）Miq.

多年生草本。茎蔓生、铺地或渐升，上部略呈四棱形。叶对生；叶片狭卵形至披针形，边缘全缘。雌雄异株；团伞花序腋生，直径2～9 mm；雄花蕾呈陀螺状；雌花被菱状狭卵形，果期呈卵形，有10条纵肋。瘦果卵球形，宿存花被无翅。花期5～7月，果期8～9月。

生于山坡路旁；常见。茎皮纤维可制人造棉；全草、根、茎或叶入药，具有清热解毒、健脾消食、利湿消肿、止血的功效。

紫麻属 *Oreocnide* Miq.

本属有18种，分布于亚洲东部的热带、亚热带地区及巴布亚新几内亚。我国有10种；广西有9种；姑婆山有1种。

紫麻

Oreocnide frutescens（Thunb.）Miq.

灌木或小乔木，高1～3 m。叶常生于枝上部；叶片卵形、狭卵形或稀倒卵形，长3～15 cm，宽1.5～6 cm。花序生于上一年生枝和老枝上，几无梗，呈簇生状。瘦果卵球形，两侧稍扁，肉质果托浅盘状，包围果体基部，熟时则常增大呈壳斗状，包围着果体大部分。花期3～5月，果期6～10月。

生于沟谷、山坡疏林中；常见。茎皮纤维细长坚韧，可制绳索、麻袋和人造棉；根、叶入药，具有行气活血的功效。

赤车属 *Pellionia* Gaudich.

本属约有60种，分布于亚洲热带、亚热带地区以及太平洋群岛。我国约有20种；广西有14种；姑婆山有5种。

分种检索表

1. 叶片具半离基三出脉。
　2. 茎无毛或有微短柔毛；多年生草本……………………………………………赤车 *P. radicans*
　2. 茎被长而开展的柔毛，或被反曲、近开展的短糙毛。
　　3. 半灌木；叶片长3.2～10 cm，先端渐尖或骤尖……………………蔓赤车 *P. scabra*
　　3. 小草本；叶片长0.5～3.2 cm，先端钝或圆形……………………小叶赤车 *P. brevifolia*
1. 叶片具羽状网脉。
　4. 茎无毛或有微短柔毛………………………………………………异被赤车 *P. heteroloba*
　4. 茎被长的开展或反曲糙毛…………………………………………华南赤车 *P. grijsi*

小叶赤车

Pellionia brevifolia Benth.

小草本。茎平卧，被反曲或近开展的短糙毛，下部节上生根。叶具短柄；叶片斜椭圆形或斜倒卵形，先端钝或圆形，基部在狭侧钝或楔形，在宽侧耳形，边缘在狭侧中部之上、在宽侧基部之上有稀疏浅钝齿，半离基三出脉。雄花序有长梗，花序梗与花序分枝均有开展的短毛，苞片有疏睫毛，花被片5枚；雌花序具短梗或无梗，有多数密集的花，花被片5枚。瘦果狭卵球形，有小瘤状突起。花期5～10月。

生于沟谷、山坡密林中或林缘路旁；常见。 全草入药，可用于跌打损伤。

华南赤车

Pellionia grijsii Hance

多年生草本。植株下部以上被反曲或近开展糙毛。叶片斜长椭圆形、斜长圆状倒披针形或斜椭圆形，先端长渐尖或渐尖，有时尾状，基部在狭侧楔形或钝，在宽侧耳形，边缘自基部之上至先端有多数浅钝齿，腹面无毛或散生少数短伏毛，稀密被短糙毛，背面沿脉网被短糙毛。雄花序有长梗，被糙毛，苞片外面疏被短毛；雌花序有梗或无梗，有密集的花，苞片具疏睫毛。瘦果椭圆球形，有小瘤状突起。花期冬季至翌年春季。

生于山坡密林中或林缘路旁；常见。

荨麻科 Urticaceae

异被赤车

Pellionia heteroloba Wedd.

　　多年生草本。茎无毛或被短柔毛。叶互生；叶片斜长圆形、斜披针形或倒披针形，先端骤尖或渐尖，基部在狭侧钝或浅心形，在宽侧耳形，边缘下部全缘，上部有浅钝齿，两面无毛或腹面散生少数短硬毛。雄花序有长梗，花序梗被短柔毛，苞片狭披针形至条形，花被片5枚；雌花序有梗，有多数密集的花，花序梗有乳突状毛，苞片狭三角形至条形，花被片4～5枚。瘦果狭椭圆球形，有小瘤状突起。花期冬季至翌年春季。

　　生于山坡林下；常见。 全草入药，具有清热和胃、消食导滞的功效。

异被赤车

Pellionia heteroloba Wedd.

赤车

Pellionia radicans（Sieb. et Zucc.）Wedd.

多年生草本。茎通常分枝，无毛或疏被柔毛。叶具极短柄或无柄；叶片草质，斜狭菱状卵形或披针形，基部在狭侧钝，在宽侧耳形，边缘自基部以上有小齿，两面无毛或近无毛，半离基三出脉。花通常雌雄异株；雄花序为稀疏的聚伞花序，花序梗与分枝无毛或有乳头状小毛；雌花序通常有短梗，有多数密集的花。瘦果近椭圆球形，有小瘤状突起。花期5～10月。

生于沟谷、山坡；常见。全草入药，具有消肿、祛瘀、止血的功效。

蔓赤车

Pellionia scabra Benth.

半灌木。茎通常分枝，上部有开展糙毛。叶具短柄或近无柄；叶片草质，斜狭菱状倒披针形或斜狭长圆形，基部在狭侧微钝，在宽侧宽楔形、圆形或耳形，边缘下部全缘，上部有少数小齿，腹面被少数贴伏的短硬毛，背面被密或疏的短糙毛，半离基三出脉，或叶脉近羽状。花通常雌雄异株；雄花序为稀疏的聚伞花序，花序梗与花序分枝被密或疏的短毛；雌花序近无梗或有梗，雌花花被片4～5枚。瘦果近椭圆球形，有小瘤状突起。花期春季至夏季。

生于山坡林下或林缘路旁；常见。全草入药，具有清热解毒、活血散瘀的功效。

冷水花属 *Pilea* Lindl.

本属约有400种，广泛分布于热带、亚热带地区，很少分布于温带地区。我国有80种；广西有42种；姑婆山有6种。

分种检索表

1. 花5基数···山冷水花 *P. japonica*
1. 花2～4基数。
　2. 雌花被片2枚，相差极大；雄花被片4枚，雄蕊4枚，镊合状排列··········矮冷水花 *P. peploides*
　2. 雌花被片3枚；雄花花被片（2）4枚，雄蕊（2）4枚。
　　3. 叶片具羽状脉；花序头状或近头状····································小叶冷水花 *P. microphylla*
　　3. 叶片具基出脉3条，稀离基三出脉；花序各式。
　　　4. 雄花被片2枚，雄蕊2枚，有时3枚或4枚；聚伞花序蝎尾状··········透茎冷水花 *P. pumila*
　　　4. 雄花被片4枚，雄蕊4枚；花序各式，但不为蝎尾聚伞状。
　　　　5. 雌花被片不等大，常分生，先端常锐尖·················湿生冷水花 *P. aquarum*
　　　　5. 雌花被片等大或近等大，多少合生，先端常钝圆·············粗齿冷水花 *P. sinofasciata*

湿生冷水花

Pilea aquarum Dunn

多年生草本。茎肉质，带红色，被短柔毛或近无毛。叶片宽椭圆形或卵状椭圆形，先端锐尖、钝尖或短渐尖，基部宽楔形或钝圆，边缘下部以上有钝圆齿，两面被短毛或近无毛，基出脉3条，在腹面隆起；叶柄被短柔毛或近无毛。花雌雄异株；雄花序聚伞圆锥状，具梗；雌花序聚伞状，无梗，密集成簇生状，或具短梗。瘦果近圆形，双凸透镜状，顶部歪斜，表面有细疣点。花期3～5月，果期4～6月。

生于山坡林下；常见。 全草入药，具有消炎止痛的功效。

荨麻科 Urticaceae

山冷水花

Pilea japonica （Maxim.） Hand.-Mazz.

草本。茎肉质，无毛。叶对生，在茎顶部的叶密集成近轮生状，同对的不等大；叶片菱状卵形或卵形，稀三角状卵形或卵状披针形，基部楔形，稀近圆形或近截形，稍不对称，边缘具短睫毛，下部全缘，其余每侧有数枚圆齿或钝齿，基出脉3条。花单性，雌雄同株，常混生，或雌雄异株；雄聚伞花序具细梗，长1～1.5 cm；雌聚伞花序具纤细的长梗，连同花序轴长1～5 cm。瘦果卵形，外面有疣状突起，几乎被宿存花被包裹。花期7～9月，果期8～11月。

生于山坡路旁；常见。 全草入药，具有清热解毒、渗湿利尿的功效。

小叶冷水花

Pilea microphylla（L.）Liebm.

纤细小草本。茎肉质，多分枝，干时常变蓝绿色，密布条形钟乳体。叶很小，同对的不等大；叶片肉质。花雌雄同株，有时同序；聚伞花序密集排成近头状；雄花具梗，花被片4枚，外面近先端有短角状突起；雌花花被片3枚，稍不等长。瘦果卵形，熟时褐色，光滑。花期夏秋季，果期秋季。

生于林缘路旁；常见。可供栽培观赏用；全草入药，具有清热解毒、安胎的功效。

荨麻科 Urticaceae

矮冷水花 齿叶矮冷水花

Pilea peploides（Gaudich.）Hook. et Arn.

一年生小草本。植株无毛。叶常集生于茎和枝的顶部，同对的近等大；叶片膜质，菱状圆形，稀扁圆状菱形或三角状卵形，基部常楔形或宽楔形，稀近圆形，边缘全缘或波状，稀上部有不明显的钝齿，两面生紫褐色斑点，钟乳体条形，常近横向排列，基出脉3条。花雌雄同株；雌花序与雄花序常同生于叶腋，或分别单生于叶腋，有时雌雄花混生；聚伞花序密集成头状。瘦果卵形，顶部稍歪斜，熟时黄褐色，光滑。花期4～7月，果期7～8月。

生于山坡石缝阴湿处；常见。 全草入药，具有清热解毒、散瘀止痛的功效。

矮冷水花 齿叶矮冷水花

透茎冷水花　肥肉草
Pilea pumila（L.）A. Gray

一年生草本。茎肉质。叶片菱状卵形，先端渐尖，基部常宽楔形；托叶卵状长圆形。花雌雄同株并常同序，雄花常生于蝎尾状花序的下部；雄花花被片2枚，稀3～4枚，雌花被片3枚，近等大，或侧生的2枚较大，长不过果实或与果实近等长。花期6～8月，果期8～10月。

生于山坡、路旁；常见。　根、茎入药，具有利尿、解热和安胎的功效。

荨麻科 Urticaceae

粗齿冷水花

Pilea sinofasciata C. J. Chen

　　草本。茎肉质。叶同对近等大；叶片椭圆形、卵形、椭圆状或长圆状披针形，稀卵形，先端常长尾状渐尖，稀锐尖或渐尖，基部楔形或钝圆形，边缘在基部以上有粗大的牙齿或牙齿状锯齿，基出脉3条；叶柄上部常被短毛，有时整个叶柄生短柔毛；托叶三角形，宿存。花雌雄异株或同株；花序聚伞圆锥状，具短梗，梗长不超过叶柄。瘦果圆卵形，顶部歪斜，熟时外面常有细疣点。花期6～7月，果期8～10月。

　　生于山坡、沟谷疏林下阴湿处；常见。　全草入药，具有清热解毒、润肺止咳、理气止痛、祛风止血、活血的功效。

雾水葛属 *Pouzolzia* Gaudich.

本属有37种，广泛分布于热带地区。我国有4种；广西有3种；姑婆山有2种。

分种检索表

1. 灌木；叶片边缘具齿···红雾水葛 *P. sanguinea*
1. 草本；叶片边缘全缘···雾水葛 *P. zeylanica*

雾水葛

Pouzolzia zeylanica（L.）Benn. et R. Br.

多年生草本。茎不分枝，通常在基部或下部有1～3对对生的长分枝。叶对生，或茎顶部的叶对生；叶片草质，卵形或宽卵形，边缘全缘，两面被疏伏毛，或有时腹面被毛较密，侧脉1对。团伞花序通常两性；雄花有短梗；雌花被片椭圆形或近菱形，先端有2枚小齿，外面密被柔毛，果期呈菱状卵形。瘦果卵球形，淡黄白色。花期7～8月，果期8～10月。

生于山坡、路旁、沟边、田边草地上或灌草丛中；常见。全草入药，具有清热解毒、消肿、排脓、利湿的功效。

大麻科 Cannabaceae

本科有2属4种，分布于非洲北部、亚洲、欧洲和北美洲。我国有2属4种；广西有2属2种；姑婆山有1属1种。

葎草属 *Humulus* L.

本属有3种，分布于亚洲、非洲和北美洲。我国有3种；广西有1种；姑婆山亦有。

葎草　锯藤

Humulus scandens（Lour.）Merr.

多年生缠绕性草本。茎、枝和叶柄具倒钩刺毛。单叶对生；叶片掌状3～7裂，过缘具粗齿，腹面粗糙，背面被柔毛和黄色腺体，边缘具粗齿。花雌雄异株；雌花排成球状的穗状花序，雄花排成圆锥状柔荑花序；花黄绿色，细小。瘦果熟时露出苞片外。花期春夏、果期秋季。

生于山坡林缘或荒地；常见。 全草入药，具有清热解毒、利尿消肿的功效；根入药，可用于石淋、疝气、瘰疬；茎皮纤维可制麻或人造棉；种子油可制肥皂和油墨。

冬青科 Aquifoliaceae

本科有1属，即冬青属 *Ilex*，有500～600种，分布于热带、亚热带和温带地区，以亚洲为分布中心。我国有204种；广西有97种；姑婆山有13种。

分种检索表

1. 常绿乔木或灌木；枝为长枝，无短枝。
  2. 花序单生，稀簇生或假圆锥花序；子房通常6室至多室··················多核冬青 *I. polypyrena*
  2. 花序簇生，或为假圆锥花序、假总状花序；子房通常4室。
    3. 雌花序单生于叶腋内。
      4. 雄花序仅单生于当年生枝的叶腋内。
        5. 叶片边缘具锯齿、圆齿，稀为全缘；花序为复合聚伞状·····广东冬青 *I. kwangtungensis*
        5. 叶片边缘全缘；花序为伞形聚伞状··························铁冬青 *I. rotunda*
      4. 雄花序单生于当年生枝的叶腋内，或簇生于2年生枝的叶腋内。
        6. 雄花序单生于当年生枝的叶腋及簇生于2年生枝的叶腋··········绿冬青 *I. viridis*
        6. 雄花序仅簇生于2年生枝的叶腋内··························三花冬青 *I. triflora*
    3. 雌、雄花序均簇生于2年生枝，甚至老枝的叶腋内。
      7. 果核4个，稀较少。
        8. 果梗与果直径相等或略长··························弯尾冬青 *I. cyrtura*
        8. 果梗远小于果的直径，约为果直径的1/2··········榕叶冬青 *I. ficoidea*
      7. 果核6个或7个。
        9. 叶片背面具明显的腺点··························凹叶冬青 *I. championii*
        9. 叶片背面无腺点或腺点不明显。
          10. 小枝、叶密被长硬毛··························毛冬青 *I. pubescens*
          10. 小枝、叶疏被微柔毛··················谷木叶冬青 *I. memecylifolia*
1. 落叶乔木或灌木；枝常具长枝和短枝。
  11. 落叶灌木··满树星 *I. aculeolata*
  11. 落叶乔木。
    12. 果直径约3 mm，熟时红色··························小果冬青 *I. micrococca*
    12. 果直径10～14 mm，熟时黑色··················大果冬青 *I. macrocarpa*

冬青科 Aquifoliaceae

满树星 鼠李冬青、心木、桐星根

Ilex aculeolata Nakai

　　落叶灌木。茎具长枝和短枝；当年生枝和叶均被小刺。叶片膜质或薄纸质，倒卵形，基部楔形且渐尖，边缘具齿。花序单生于长枝的叶腋内或短枝顶部的鳞片腋内，雄花序少数簇生、假簇生，雌花序单生；花白色。果球形，具短梗，熟时黑色，果核4个。花期4～5月，果期6～9月。

　　生于山坡密林下；常见。　根皮入药，具有清凉解毒的功效，可用于水火烫伤或疥疮。

满树星 鼠李冬青、心木、桐星根

Ilex aculeolata Nakai

弯尾冬青
Ilex cyrtura Merr.

常绿乔木。叶片先端常镰状尾尖，渐尖头长15～20 mm，基部钝或楔形，边缘具浅齿，齿尖变黑色，除背面主脉疏被微柔毛外，两面无毛，侧脉7～8对，网状脉不明显；叶柄被微柔毛，上部具叶基下延而成的狭翅。花序簇生于当年生枝的叶腋内，被短柔毛；花黄色，4基数；雄花冠辐状，花瓣具疏缘毛；雌花梗长约4 mm，被短柔毛。果球形；宿存柱头薄盘状；果梗长5～6 mm，近中部或中部具2枚宿存小苞片。花期4月，果期6～9月。

生于山坡、沟谷疏林中；常见。

榕叶冬青

Ilex ficoidea Hemsl.

　　常绿乔木。幼枝具纵棱沟；2年生以上小枝黄褐色或褐色，平滑。叶生于1～2年生枝上；叶片革质，先端骤然尾状渐尖，主脉在腹面狭凹陷，在背面隆起，侧脉8～10对。聚伞花序或多花簇生于当年生枝的叶腋内；雄花序的聚伞花序具1～3朵花；雌花簇生于当年生枝的叶腋内；花白色或淡黄绿色，芳香。果球形或近球形，熟时红色。花期3～4月，果期8～11月。

　　生于山坡疏林或密林中；常见。　根入药，具有清热解毒、消肿止痛、祛风的功效；叶入药，具有消炎、解毒的功效。

广东冬青

Ilex kwangtungensis Merr.

常绿灌木或小乔木。小枝圆柱形，被短柔毛或变无毛；顶芽披针形，密被锈色短柔毛。叶片近革质，卵状椭圆形、长圆形或披针形，先端渐尖，基部钝至圆形，边缘具细小齿或近全缘，稍反卷，主脉在腹面凹陷，在背面隆起；叶柄长7～17 mm，被细小微柔毛。复合聚伞花序单生于当年生的叶腋内；雄花序为2～4回二歧聚伞花序；雌花序具1～2回二歧聚伞花序，具花3～7朵，被微柔毛。核果椭圆形，熟时红色。花期6月，果期9～11月。

生于山坡常绿阔叶林或灌木丛中；少见。 优良的庭园绿化树种；根、叶入药，具有清热解毒、消肿止痛、消炎的功效，可用于治疗水火烫伤。

冬青科 Aquifoliaceae

大果冬青

Ilex macrocarpa Oliv.

　　落叶乔木。叶在长枝上互生，在短枝上为2～4片簇生；叶片腹面深绿色，背面浅绿色，两面无毛，侧脉8～10对。雄花序为单花或2～5朵花的聚伞花序；雌花单生于叶腋或鳞片腋内；花白色。果球形，直径10～14 mm，熟时黑色。花期4～5月，果期10～11月。

　　生于山坡密林；少见。　根、枝、叶入药，具有清热解毒、清肝明目、消肿止痒、润肺消炎、止咳祛瘀的功效。

大果冬青

Ilex macrocarpa Oliv.

毛冬青 米碎木、酸味木、三钱根

Ilex pubescens Hook. et Arn.

　　常绿灌木或小乔木。小枝近四棱形，幼枝、叶片、叶柄和花序密被长硬毛。叶片纸质或膜质，椭圆形或长卵形，边缘具疏而尖的细齿或近全缘。花序簇生于1～2年生枝的叶腋，花粉红色。核果小而簇生，熟后红色；果核6～7个，核背部有条纹而无沟槽。花期4～5月，果期8～11月。

　　生于沟谷疏林中或林缘路旁；常见。 全株入药，具有清热解毒的功效，外用于水火烫伤，也具有活血祛瘀的功效，可用于治疗冠心病；叶和茎皮可为造纸材料。

冬青科 Aquifoliaceae

铁冬青
Ilex rotunda Thunb.

常绿灌木或乔木，高5～15 m。树皮淡灰色；嫩枝红褐色，枝叶均无毛；小枝圆柱形，较老枝具纵裂缝，叶痕倒卵形或三角形，稍隆起。单叶互生；叶片薄革质，卵形至椭圆形。伞形或聚伞花序单生于当年枝上；花绿白色。核果球形，红色。花期4月，果期8～12月。

生于山坡疏林、密林中，或林缘；少见。 叶及树皮入药，具有清热利湿、消肿止痛的功效，民间用于治疗外感高热、咽喉炎、胃痛、烫伤等；树皮可提制栲胶；枝叶可作造纸材料；木材可作细木工用料。

卫矛科 Celastraceae

本科有97属1194种，主要分布于热带、亚热带地区，少数分布至温带地区。我国有14属192种；广西有10属约93种；姑婆山有3属14种。

分属检索表

1. 蒴果具3翅，翅宽大膜质······························雷公藤属 *Tripterygium*
1. 蒴果无翅。
  2. 攀缘状灌木；叶互生··························南蛇藤属 *Celastrus*
  2. 乔木或小乔木；叶对生··························卫矛属 *Euonymus*

南蛇藤属 *Celastrus* L.

本属约有30种，分布于热带和亚热带地区。我国有25种；广西有17种；姑婆山有4种。

分种检索表

1. 果1室，有1粒种子·····························独子藤 *C. monospermus*
1. 果3室，有3～6粒种子。
  2. 花序通常明显腋生；种子一般为新月形或半环形。
    3. 聚伞花序具花3朵·························过山枫 *C. aculeatus*
    3. 聚伞花序具花3～7朵······················显柱南蛇藤 *C. stylosus*
  2. 花序顶生及腋生；种子通常椭圆形···············短梗南蛇藤 *C. rosthornianus*

过山枫

Celastrus aculeatus Merr.

攀缘状灌木。小枝具明显淡色皮孔。单叶互生；叶片长方形或近椭圆形，边缘上部具浅齿。聚伞花序腋生或侧生，常具3朵花；花序梗长2～5 mm；花单性，黄绿色或黄白色。蒴果近球形，室背开裂，宿萼明显增大，直径7～8 mm。种子具假种皮，红色。花期3～4月，果期8～9月。

生于山坡、林缘路旁；常见。 根入药，具有清热解毒、祛风除湿的功效。

卫矛科 Celastraceae

独子藤

Celastrus monospermus Roxb.

常绿藤本。小枝有细纵棱，干时紫褐色。叶片近革质，长方阔椭圆形至窄椭圆形，稀倒卵椭圆形，基部楔形，稀阔楔形，边缘具细齿或疏散细齿，侧脉5～7对。二歧聚伞花序排成聚伞圆锥花序，腋生或顶生及腋生并存，雄花序的小聚伞常成密伞状；花黄绿色或近白色；雌蕊近瓶状，柱头3裂，反曲。蒴果阔椭圆状，稀近球形，具种子1粒。种子椭圆状；假种皮紫褐色。花期3～6月，果期6～10月。

生于山坡密林或灌木丛中；少见。 种子入药，具有催吐的功效。

独子藤

卫矛属 *Euonymus* L.

本属约有130种，分布于亚洲、大洋洲、欧洲、北美洲及马达加斯加。我国约有90种；广西有44种；姑婆山有9种。

分种检索表

1. 冬芽通常圆锥形；雄蕊无花丝，花药1室；蒴果具翅·······················短翅卫矛 *E. rehderianus*
1. 冬芽通常卵球形；雄蕊无花丝或具花丝，花药2室；蒴果无翅。
  2. 蒴果4裂至近基部，有时只有1～3个果瓣发育。
    3. 叶柄较长，长6 mm以上···裂果卫矛 *E. dielsianus*
    3. 叶柄较短，长6 mm以下···百齿卫矛 *E. centidens*
  2. 蒴果不裂或浅裂，具阔棱。
    4. 蒴果具刺···棘刺卫矛 *E. echinatus*
    4. 蒴果平滑或具皱纹和棱。
      5. 蒴果平滑，椭圆形或球形。
        6. 攀缘状灌木；茎上有不定根··扶芳藤 *E. fortunei*
        6. 灌木；茎上无须根···茶色卫矛 *E. theacola*
    5. 蒴果通常具皱纹和棱。
      7. 花和果瓣均5基数···疏花卫矛 *E. laxiflorus*
      7. 花和果瓣均4基数。
        8. 叶片近全缘；花白色或黄绿色···中华卫矛 *E. nitidus*
        8. 叶片边缘常呈波状或具明显钝齿；花黄色···························大果卫矛 *E. myrianthus*

卫矛科 Celastraceae

棘刺卫矛

Euonymus echinatus Wall.

小灌木，直立或稍攀缘状。叶片卵形、窄长椭圆形或卵状披针形，先端渐窄渐尖或急尖，基部楔形或阔楔形，边缘有波状圆齿或细齿，侧脉5～8对，在边缘结网；叶柄长2～5 mm。花序1～3次分枝；花淡绿色，花瓣扁圆形或近卵圆形；花萼极浅4裂。果序梗长1～2.5 cm；蒴果近球形，直径约1 cm，密被细刺，花期4～7月，果期9月至翌年1月。

生于山坡、沟谷疏林下；常见。 树皮可作"杜仲"用，可用于治疗腰酸背痛。

百齿卫矛 铁仔树、广翅卫矛
Euonymus centidens H. Lév.

灌木。小枝有时具极窄栓质翅。叶片长方状椭圆形，大小变异较大，小的长3～5 cm，大的长8～12 cm，边缘通常有明显细密深齿；无柄或具短柄。花序具1～3朵花；花序梗、花梗均细弱，线状；花黄绿色；雄蕊无花丝。蒴果常只1～2个心皮发育成分离状果瓣；果瓣卵状。种子具脊状假种皮。花期6月，果期9～10月。

生于山坡林下；少见。 全株入药，外用于跌打损伤、外伤出血；根入药，具有清热解毒的功效，外用于虫蛇咬伤。

卫矛科 Celastraceae

扶芳藤

Euonymus fortunei（Turcz.）Hand.-Mazz.

常绿攀缘状灌木。茎枝常生不定根。单叶对生；叶片薄革质，椭圆形或窄椭圆形，边缘具细齿。聚伞花序腋生，呈二歧分枝，分枝中央有单花；花绿白色，4基数；子房三角锥形，四棱。蒴果球形，果皮光滑，熟时黄红色。花期6～7月，果期9～10月。

生于山坡疏林下；常见。 全株入药，具有舒经活络、祛风除湿的功效；茎、叶入药，可用于吐血及抗衰老等。

疏花卫矛 五稔子

Euonymus laxiflorus Champ. ex Benth.

灌木，高1～5 m。叶片厚纸质或薄革质，长方状卵形、阔椭圆形至窄椭圆形，边缘上部有浅锯齿或近全缘，侧脉少而疏，在腹面不明显。聚伞花序1～2次分枝，分枝及花梗长均在1 cm以上，使花序呈疏松状；花深紫色或淡紫红色，有时紫色带绿色；雄蕊无花丝。蒴果倒锥形，顶端下凹成5个浅裂的果瓣。种子红褐色。花期3～6月，果期7～11月。

生于山坡疏林下；常见。茎、枝、叶入药，用于治疗刀伤、跌打、风湿痹痛等。

卫矛科 Celastraceae

大果卫矛 单花卫矛

Euonymus myrianthus Hemsl.

灌木。小枝圆柱状。叶片革质或厚纸质，窄倒卵形、倒卵状椭圆形，稀为阔披针形，先端渐尖，边缘常有明显波状齿。聚伞花序多聚生于小枝上部，常数个着生于新枝顶端，2～4次分枝；中央花与两侧花近等长；花黄绿色；雄蕊花丝极短。蒴果倒卵形或倒卵状椭圆形，熟时黄色。花期4～7月，果期8～11月。

生于沟谷疏林下；少见。 全株入药，可用于治疗痛风、跌打；果可制黄色染料。

茶色卫矛

Euonymus theacola C. Y. Cheng ex T. L. Xu et Q. H. Chen

常绿灌木。当年生小枝四棱形，小枝密被细小疣点。叶对生；叶片革质，长方形或长方状卵形，边缘反卷，全缘或具疏圆齿，两面无毛，侧脉5～7对，腹面突出，背面稍隆起，网脉两面隆起；叶柄粗壮，长3～5 mm，腹面有纵槽。聚伞花序2～3次分枝，腋生，具7～15朵花；花序梗粗壮，4棱，苞片三角状披针形；花4基数，黄色；萼片半圆形，边缘全缘；花瓣阔卵形或近圆形，边缘波状；花盘厚，4裂；雄蕊着生于花盘边缘，花药心形。花期3～6月，果期7～11月。

生于山坡、山谷疏林下；常见。

卫矛科 Celastraceae

雷公藤属 *Tripterygium* Hook. f.

本属有2种，分布于亚洲东部。我国有1种；广西姑婆山亦有。

雷公藤

Tripterygium wilfordii Hook. f.

攀缘状灌木。小枝棕红色。叶片椭圆形、倒卵椭圆形、长方椭圆形或卵形，先端急尖或短渐尖，基部阔楔形或圆形，边缘有细齿。聚伞圆锥花序通常有3～5条分枝，花序梗、花序轴及花梗均被锈色毛；花白色。翅果长圆状，中央果较大。花期7～8月，果期9～10月。

生于山坡路旁；少见。 全株有大毒，仅供外用；根、茎入药具消炎解毒的功效，可用于治疗疮疖、皮肤发痒、风湿性关节炎等；全株作农药，可杀菜虫、蚜虫，也可毒鼠，灭孑子、蛆虫、钉螺；茎皮亦用于造纸。

茶茱萸科 Icacinaceae

本科有57属约400种，广泛分布于热带地区。我国有12属24种；广西有7属12种；姑婆山有1属1种。

定心藤属 *Mappianthus* Hand.-Mazz.

本属有2种，分布于中国、印度、孟加拉国、印度尼西亚。我国有1种；姑婆山亦有。

定心藤 甜果藤、藤蛇总管、黄九牛
Mappianthus iodoides Hand.-Mazz.

木质藤本。茎具灰白色皮孔，断面淡黄色，木质部导管非常明显；幼茎具纵棱，被黄褐色糙伏毛。叶片长椭圆形，稀披针形，网脉明显，呈蜂窝状。花雌雄异株；聚伞花序短而少花；花冠黄色。核果熟时橙黄色至橙红色，具宿存萼片。花期4～7月，果期7～11月。

生于山坡疏林下或林缘路旁；常见。 果实味甜，可食；根及老藤入药，具有祛风活络、除湿消肿的功效。

铁青树科 Olacaceae

铁青树科 Olacaceae

本科有23～27属180～250种，分布于热带、亚热带地区。我国有5属10种；广西有4属6种；姑婆山有1属1种。

青皮木属 *Schoepfia* Schreb.

本属约有30种，分布于热带、亚热带地区。我国有4种；广西有2种；姑婆山有1种。

华南青皮木　红旦木
Schoepfia chinensis Gardner et Champ.

落叶小乔木。树皮暗灰褐色；分枝多，疏散。叶片纸质或坚纸质，腹面深绿色，背面淡绿色；叶脉红色，侧脉每边3～5条，两面均明显，网脉不明显。花序上的花较少，通常2～3朵，有时单生；花无梗，花冠管状，黄白色或淡红色。坚果椭圆状或长圆形，熟时几全部被增大成壶状的萼筒所包围；萼筒外部红色或紫红色。花期2～4月，果期4～6月。

生于山坡、山谷、溪边疏林下；少见。 根、树皮、叶入药，具有清热利湿、消肿止痛的功效。

桑寄生科 **Loranthaceae**

本科有65属约1300种，主要分布于热带、亚热带地区。我国有11属64种；广西有9属32种；姑婆山有2属2种。

分属检索表

1. 花序各式但非密簇状聚伞花序；苞片小·······························**钝果寄生属** *Taxillus*
1. 密簇状聚伞花序；苞片大，轮生，呈总苞片状···················**大苞寄生属** *Tolypanthus*

钝果寄生属 *Taxillus* Tiegh.

本属有25种，分布于亚洲东南部至南部。我国有18种；广西有8种；姑婆山有1种。

锈毛钝果寄生　连江寄生

Taxillus levinei（Merr.）H. S. Kiu

灌木，高0.5～2 m。嫩枝、叶、花序和花均密被锈色、稀褐色的叠生星状毛。叶互生或近对生；叶片通常卵形，背面被茸毛。伞形花序，通常具花2朵；花红色，花冠在花蕾时管状，开花时顶部4裂，裂片匙形。果卵球形，果皮具颗粒状体，被星状毛。花期9～12月，果期翌年4～5月。

生于山坡密林下；常见。 茎叶入药，具有祛风除湿的功效，可用于治疗关节疼痛、腰痛；全株入药，具有消炎止咳、祛风除湿的功效。

桑寄生科 Loranthaceae

大苞寄生属 *Tolypanthus* （Blume） Reichb.

本属有5种，分布于亚洲南部和东部的热带、亚热带地区。我国有2种；广西2种均产；姑婆山有1种。

大苞寄生 槲榆寄生
Tolypanthus maclurei （Merr.） Danser

灌木，高0.5～1 m。嫩枝被黄褐色星状毛；枝条披散状。叶互生或近对生，或3～4片簇生于短枝上；叶片长圆形或长卵形。密簇状聚伞花序腋生，具花3～5朵；苞片大，长卵形，离生，淡红色；花红色或橙色，花冠筒上半部膨胀，具5条纵棱，纵棱之间具横皱纹。果椭圆形。花期4～7月，果期8～10月。

生于山坡、山谷或山顶疏林中；少见。 全株入药，具有补肝肾、强筋骨、祛风除湿的功效。

蛇菰科 **Balanophoraceae**

本科有18属约50种，分布于热带、亚热带地区。我国有2属13种；广西2属约9种；姑婆山有1属2种。

蛇菰属 *Balanophora* J. R. Forst. et G. Forst.

本属有19种，分布于热带、亚热带地区。我国有12种；广西有8种；姑婆山有2种。

分种检索表

1. 花雌雄同株，雄花仅着生于花序基部·······························杯茎蛇菰 B. subcupularis
1. 花雌雄异株，雄花疏生于雄花序上·······························疏花蛇菰 B. laxiflora

疏花蛇菰

Balanophora laxiflora Hemsl.

寄生性草本。植株短小，全株鲜红色至暗红色；根状茎分枝，分枝近球形；块状根茎成团，肉质，表面细粒状，有淡黄白色星状瘤突。叶退化成红色鳞苞片。花雌雄异株；雄花序圆柱状，长3～18 cm；雄花疏生于花序轴上；雌花序卵圆形至长圆状椭圆形，长2～6 cm。花期9～11月。

生于山坡密林下荫蔽处；少见。全草入药，具有清热解毒、凉血的功效。

蛇菰科 Balanophoraceae

杯茎蛇菰

Balanophora subcupularis P. C. Tam

　　草本，高2～8 cm。植株短小；根状茎肉质，淡黄褐色，直径1.5～3 cm，通常呈杯状，表面具不规则纵纹及皮孔。鳞苞片3～8片，互生，宽卵形至卵形，长达1.2 cm。花序卵形或卵圆形，长约1.5 cm；雄花着生于花序基部，花梗棒状，长约8 mm；花被4裂；雌花着生于棒状附属体基部。花期9～11月。

　　生于山坡密林下；少见。　全草入药，具有清热凉血、消肿解毒的功效。

鼠李科 Rhamnaceae

本科有50属900多种，广泛分布于热带至温带地区。我国有13属137种；广西有11属63种；姑婆山有5属8种，其中1属1种为栽培种。

分属检索表

1. 叶片具基出脉3～5条··枳椇属 Hovenia
1. 叶具羽状脉。
  2. 核果，圆柱形或卵状圆柱形，有1～3室，无分核·················勾儿茶属 Berchemia
  2. 浆果状核果，倒卵球形或球形，有1室，具2～4分核。
    3. 攀缘状或直立，多分枝灌木；花无梗，稀具短梗，通常排成穗状花序或穗状圆锥花序，顶生或腋生··雀梅藤属 Sageretia
    3. 多为落叶灌木，稀乔木；花有明显的梗，排成腋生聚伞花序·················鼠李属 Rhamnus

勾儿茶属 *Berchemia* Neck. ex DC.

本属约有32种，主要分布于亚洲东部至东南部的热带至温带地区。我国有19种；广西有8种；姑婆山有1种。

多花勾儿茶 打炮子、筛箕藤、老鼠屎
Berchemia floribunda（Wall.）Brongn.

攀状或直立灌木。叶片纸质；上部叶较小，卵形至卵状披针形；下部叶较大，椭圆形至长椭圆形。花多数，生于顶生宽聚伞圆锥花序上；花序轴无毛或被疏微毛。核果圆柱形，熟时红褐色，基部具宿存的盘状花盘。花期6～11月，果期翌年3～4月。

生于沟谷疏林下；常见。 全株入药，可用于治疗肝硬化腹水、黄疸、小儿胎毒、月经不调；茎入药，可用于风湿痹痛、经前腹痛。

鼠李科 Rhamnaceae

枳椇属 *Hovenia* Thunb.

本属有3种2变种，分布于中国、朝鲜、日本和印度。我国有3种2变种；广西有1种1变种；姑婆山有1种。

枳椇 鸡爪莲、成事果
Hovenia acerba Lindl.

高大乔木。小枝褐色或黑紫色，有明显的白色皮孔。叶片宽卵形至心形，先端长或短渐尖，基部截形或心形，边缘常具细齿。圆锥花序顶生和腋生；花两性。果序轴明显膨大；浆果状核果近球形，熟时黄褐色或棕褐色。花期5～7月，果期8～10月。

生于山坡路旁；常见。 种子入药，具有清热利尿、止咳除烦、解酒毒的功效；树皮入药，具有活血、舒筋解毒的功效；果序轴入药，具有健胃、补血的功效，蒸熟浸酒，可滋养补血。

鼠李属 *Rhamnus* L.

本属约有150种；广泛分布于热带至温带地区。我国约有57种；广西有19种；姑婆山有2种。

分种检索表

1. 茎具长枝和短枝，枝常具针刺；叶在长枝上对生或近对生······················山绿柴 *R. brachypoda*
1. 茎仅具长枝而无短枝，无针刺；叶互生····································尼泊尔鼠李 *R. napalensi*

山绿柴

***Rhamnus brachypoda* C. Y. Wu ex Y. L. Chen**

灌木，高2～5 m。小枝被短柔毛，顶端针刺状。叶互生；叶片纸质，椭圆形至长圆状椭圆形，稀倒卵形，边缘具钩状内弯的齿，侧脉每边3～5条。花单性，雌雄异株，黄绿色，4基数，1朵至数朵生于小枝下部叶腋或短枝顶端；雄花有花瓣，雌花无花瓣；花柱3半裂。核果倒卵球形，具2～3个分核。花期4月，果期5～10月。

生于沟谷疏林下或林缘路旁；常见。 根皮入药，可用于治疗牙痛。

尼泊尔鼠李 纤序鼠李、铁锯木、狗屎木
Rhamnus napalensis （Wall.）M. A. Lawson

直立或攀缘状灌木。幼枝被短柔毛，后变无毛。叶大小异形，交替互生；叶片厚纸质，小叶卵圆形，大叶椭圆状长圆形或宽椭圆形，边缘具钝齿，干后变灰黑色，背面仅脉腋具簇毛，侧脉每边5～9条。花单性，多朵生于腋生聚伞总状或聚伞圆锥花序上；花序轴被短柔毛；花瓣与雄蕊近等长。核果倒卵状球形，熟时紫红色，具3个分核。花期5～9月，果期7～12月。

生于山坡、沟谷疏林下；常见。叶入药，具有清热解毒、祛风除湿的功效。

雀梅藤属 *Sageretia* Brongn.

本属有35种，主要分布于亚洲南部和东部。我国有19种；广西有11种；姑婆山有3种。

分种检索表

1. 叶片背面密被茸毛，侧脉和网脉在腹面下陷形成明显的皱褶⋯⋯⋯⋯⋯⋯⋯⋯**皱叶雀梅藤** *S. rugosa*
1. 叶片背面无毛，或仅沿脉被柔毛或脉腋具髯毛。
   2. 小枝常具钩状下弯的长刺，无毛或仅基部被短柔毛；叶片宽4～7 cm⋯⋯**钩刺雀梅藤** *S. hamosa*
   2. 小枝具直刺或无刺，被黄色短柔毛；叶片宽2～3.5 cm⋯⋯⋯⋯⋯⋯⋯⋯**刺藤子** *S. melliana*

钩刺雀梅藤　钩雀梅藤

Sageretia hamosa（Wall.）Brongn.

常绿攀缘状灌木。小枝常具钩状下弯的粗刺。叶片长圆形或长椭圆形，较大，先端尾状渐尖或短渐尖，背面仅脉腋被髯毛，侧脉6～10条。疏散穗状圆锥花序或穗状花序顶生或腋生，花序长达15 cm，密被棕色柔毛。核果近球形，熟时黑紫色，常被白色粉霜，具2个分核。花期9月，果期10～11月。

生于山坡密林下；少见。 果入药，可用于疮疾；根入药，可用于治疗风湿痹痛、跌打损伤。

鼠李科 Rhamnaceae

刺藤子

Sageretia melliana Hand.-Mazz.

　　常绿攀缘状灌木。茎具枝刺；小枝圆柱状，褐色，被黄色短柔毛。叶通常近对生；叶片革质，卵状椭圆形或矩圆形，稀卵形，边缘具细齿，腹面绿色，有光泽，两面无毛，侧脉每边8条。花无梗，白色，无毛，单生或数朵簇生，排成顶生稀腋生穗状或圆锥状穗状花序；花序轴被黄色或黄白色贴生密短柔毛或茸毛；花瓣狭倒卵形，短于萼片的一半。核果浅红色。花期9～11月，果期翌年4～5月。

　　生于沟谷疏林下；常见。根入药，可用于治疗跌打损伤、风湿痹痛。

皱叶雀梅藤

Sageretia rugosa Hance

攀缘状或直立灌木。小枝密被锈色或灰白色短茸毛或短柔毛，有缩短的刺状短枝。叶互生或近对生；叶片边缘具细齿，背面密被锈色或灰褐色茸毛，侧脉和网脉在腹面下陷形成明显的皱褶。花无梗，通常生于顶生或腋生的穗状花序上；花序轴密被锈褐色或灰白色短茸毛；花萼外面被柔毛。核果球形，熟时紫红色，具2个分核每分核具种子2粒。花期6～10月，果期翌年3月。

生于山坡林缘路旁；少见。 根入药，具有舒筋活络的功效，可用于风湿痹痛。

胡颓子科 Elaeagnaceae

胡颓子科 **Elaeagnaceae**

本科有3属90余种，分布于北半球热带至温带地区。我国有2属74种；广西有1属23种；姑婆山有1属1种。

胡颓子属 *Elaeagnus* L.

本属约有90种，分布于亚洲、欧洲和北美洲。我国约有67种；广西有23种；姑婆山有1种。

披针叶胡颓子

Elaeagnus lanceolata Warb.

常绿直立或攀缘状灌木。茎无刺或老枝上具粗而短的刺，幼枝淡黄白色或淡褐色。叶片披针形、椭圆状披针形至长圆形，侧脉每边8～12条，网脉在腹面不明显。常3～5朵花簇生于短枝叶腋上集成伞形总状花序；花柱多少被星状柔毛。坚果为膨大肉质萼筒包裹，肉质萼筒密被褐色或银白色鳞片。花期8～10月，果期翌年4～5月。

生于沟谷疏林下；少见。 根入药，具有温下焦、祛寒湿的功效；果实入药，可用于治疗痢疾。

葡萄科 Vitaceae

本科有14属约900种，分布于热带至温带地区。我国有8属146种；广西有8属82种；姑婆山有7属16种，其中1种为栽培种。

分属检索表

1. 枝髓褐色；复聚伞花序圆锥状；花瓣先端互相粘合，开花后呈帽状脱落··················**葡萄属** *Vitis*
1. 枝髓白色；花序不呈圆锥状；花瓣离生，凋谢时不粘合为帽状脱落。
  2. 花序与叶对生或近顶生。
    3. 花4基数；单叶··················**白色粉霜藤属** *Cissus*
    3. 花5基数。
      4. 卷须多为2（3）叉状分歧或不分歧，顶端不膨大。
        5. 花盘发达，5浅裂；花序为伞房状多歧聚伞花序··················**蛇葡萄属** *Ampelopsis*
        5. 花盘发育明显；花序为典型的复二歧聚伞花序··················**俞藤属** *Yua*
      4. 卷须为4～7次总状分歧，顶端膨大呈吸盘状，稀不存在··················**地锦属** *Parthenocissus*
  2. 花序腋生；花4基数。
    6. 花两性；柱头小，不明显，不分裂··················**乌蔹莓属** *Cayratia*
    6. 花单性，雌雄异株；柱头明显，4裂··················**崖爬藤属** *Tetrastigma*

蛇葡萄属 *Ampelopsis* Michx.

本属约有30种，分布于亚洲及美洲亚热带和温带地区。我国约有17种；广西有14种；姑婆山有5种。

分种检索表

1. 叶为单叶··················**蛇葡萄** *A. glandulosa*
1. 叶为羽状复叶。
  2. 小叶边缘全缘或有细齿··················**羽叶蛇葡萄** *A. chaffanjonii*
  2. 小叶边缘有明显粗齿。
    3. 小枝、叶柄和花序轴被长柔毛或短柔毛··················**广东蛇葡萄** *A. cantoniensis*
    3. 小枝、叶柄和花序均无毛。
      4. 卷须2叉分歧；小叶较小，长2～5 cm，宽1～2.5 cm··········**显齿蛇葡萄** *A. grossedentata*
      4. 卷须3叉分歧；小叶较大，长4～12 cm，宽2～6 cm··········**大叶蛇葡萄** *A. megalophylla*

葡萄科 Vitaceae

羽叶蛇葡萄

Ampelopsis chaffanjonii（H. Lév. et Vaniot）Rehder

　　木质藤本。小枝圆柱形，有纵棱纹，无毛；卷须2叉分歧。叶为一回羽状复叶，通常有小叶2～3对；小叶长椭圆形或卵状椭圆形，长7～15 cm，宽3～7 cm，先端急尖或渐尖，基部圆形或阔楔形，边缘有5～11枚尖锐细齿，两面均无毛，网脉在两面微突出。花期5～7月，果期7～9月。

　　生于山坡路旁；常见。 茎藤入药，具有祛风除湿的功效，可用于治疗气管作痛、劳伤、风湿疼痛等。

蛇葡萄

Ampelopsis glandulosa（Wall.）Momiy.

木质藤本。小枝被锈色长柔毛；卷须2～3叉分歧，相隔2节间断与叶对生。单叶；叶片心形或卵形，腹面无毛，背面被锈色长柔毛，基出脉5条。花梗、花萼和花瓣被锈色短柔毛。花期4～8月，果期7～10月。

生于山坡路旁；常见。茎叶或根入药，具有清热解毒、祛风除湿、活血散结的功效。

葡萄科 Vitaceae

显齿蛇葡萄

Ampelopsis grossedentata（Hand.-Mazz.） W. T. Wang

　　木质藤本。小枝有显著纵棱纹；小枝、叶、叶柄和花序均无毛。叶为一回至二回羽状复叶，二回羽状复叶者基部一对为3小叶；小叶长圆状卵形或披针形，边缘有明显的齿或小齿。伞房状多歧聚伞花序与叶对生；花两性。浆果近球形，直径0.6～1 cm。花期5～8月，果期8～12月。

　　生于山坡路旁；常见。 全株入药，具有清热解毒的功效。

显齿蛇葡萄

Ampelopsis grossedentata（Hand.-Mazz.） W. T. Wang

大叶蛇葡萄

Ampelopsis megalophylla Diels et Gilg

木质藤本。小枝圆柱形，无毛；卷须3叉分歧，相隔2节间断与叶对生。叶为二回羽状复叶；基部一对小叶常为3小叶或稀为羽状复叶；小叶片边缘每侧有3～15枚粗齿，侧脉4～7对，网脉微突出。花序为伞房状多歧聚伞花序或复二歧聚伞花序，顶生或与叶对生；花瓣5片；雄蕊5枚。浆果微呈倒卵圆形，有种子1～4粒。花期6～8月，果期7～10月。

生于山坡路旁；少见。 枝叶入药，具有清热利湿、平肝降压、活血通络的功效。

葡萄科 Vitaceae

乌蔹莓属 *Cayratia* Juss.

本属约有60种，分布于亚洲、大洋洲和非洲。我国有17种；广西有6种；姑婆山有2种。

分种检索表

1. 小枝、叶柄和叶片背面或仅脉上被毛·····································乌蔹莓 *C. japonica*
1. 小枝、叶柄和叶片背面均密被柔毛·····································白毛乌蔹莓 *C. albifolia*

白毛乌蔹莓

Cayratia albifolia C. L. Li

半木质或草质藤本。小枝圆柱形，有纵棱纹，被灰色柔毛；卷须3分枝。叶为鸟足状5小叶；小叶常长椭圆形或卵状椭圆形，先端急尖或渐尖，基部楔形或侧生小叶基部近圆形，边缘每侧有20～28枚锯齿，网脉两面不明显。伞房状多歧聚伞花序腋生；花瓣4片。浆果球形。花期5～6月，果期7～8月。

生于山坡、山谷或林缘灌木丛中；少见。

乌蔹莓

Cayratia japonica（Thunb.）Gagnep.

　　草质藤本。小枝圆柱形，有纵棱纹；卷须2～3叉分歧，相隔2节间与叶对生。叶为鸟足状5小叶；中央小叶长椭圆形或椭圆披针形；侧生小叶椭圆形或长椭圆形。复二歧聚伞花序腋生。浆果近球形，直径约1 cm，有种子2～4粒。花期3～8月，果期8～11月。

　　生于沟谷疏林下或林缘路旁；常见。 全草入药，具有凉血解毒、利尿消肿的功效。

葡萄科 Vitaceae

白色粉霜藤属 *Cissus* L.

本属约有350种，广泛分布于热带地区。我国有15种；广西有9种；姑婆山有1种。

苦郎藤 红背丝绸
Cissus assamica（M. A. Lawson）Craib

木质藤本。小枝圆柱形，有纵棱纹，伏生稀疏"丁"字毛或近无毛；卷须2叉分枝。叶片纸质，阔心形或心状卵圆形，基出脉5条，中央脉有侧脉4～6对。花序与叶对生，二级分枝集生成伞形；花瓣4枚。浆果倒卵圆形，熟时紫黑色。花期5～6月，果期7～10月。

生于山坡灌木丛中或林缘路旁；常见。 根入药，具有清热解毒、拔脓消肿、散瘀止痛、强壮补血的功效；茎叶、全株入药，具有拔毒消肿的功效。

地锦属 *Parthenocissus* Planch.

本属有13种，分布于亚洲东部至东南部、北美洲南部。我国约有9种；广西有6种；姑婆山有3种，其中1种为栽培种。

分种检索表

1. 叶为三出复叶或长枝上着生有小型单叶；花序为圆锥状或伞房状多歧聚伞花序………………………………………………………………………………………**异叶地锦** *P. dalzielii*
1. 叶为掌状5小叶；花序主轴明显，为典型的圆锥状多歧聚伞花序…………**花叶地锦** *P. henryana*

异叶地锦

Parthenocissus dalzielii Gagnep.

木质藤本。小枝圆柱形，无毛；卷须总状，5～8分歧。叶为三出复叶或单叶；小叶纸质或薄革质，中央小叶长椭圆形，侧生小叶斜卵形；单叶有基出脉3～5条，中央脉有侧脉2～3对；3小叶者小叶有侧脉5～6对。多歧聚伞花序假顶生于短枝顶端；花瓣4枚。浆果近球形，熟时紫黑色。花期5～7月，果期7～11月。

生于沟谷疏林下；常见。 叶、茎、根入药，可用于止血、治疗皮肤病。

葡萄科 Vitaceae

崖爬藤属 *Tetrastigma*（Miq.）Planch.

本属约有100种，多数分布于亚洲热带地区，少数分布于大洋洲。我国约有44种；广西有25种；姑婆山有1种。

三叶崖爬藤

Tetrastigma hemsleyanum Diels et Gilg

草质藤本。根粗壮，呈纺锤形或团块状，常数个相连。小枝有纵棱纹；卷须不分歧，相隔2节间与叶对生。叶为掌状三出复叶；小叶片，纸质，中央小叶菱状卵形或椭圆形，边缘有小齿。雌雄异株；花序腋生。浆果近球形，直径约0.6 cm。花期4～6月，果期8～11月。

生于山坡疏林下或林缘路旁；常见。 根入药，具有清热解毒、活血祛风的功效。

葡萄属 *Vitis* L.

本属约有60种，广泛分布于亚热带和温带地区。我国有37种；广西有19种；姑婆山有3种。

分种检索表

1. 叶片背面为密集的白色或锈色蛛丝状或毡状柔毛所遮盖⋯⋯⋯⋯⋯⋯⋯⋯⋯**毛葡萄** *V. heyneana*
1. 叶片背面无毛或被柔毛，但绝不为柔毛所遮盖。
  2. 叶片背面完全无毛或仅脉腋有簇毛⋯⋯⋯⋯⋯⋯⋯⋯⋯⋯⋯⋯⋯**闽赣葡萄** *V. chungii*
  2. 叶片背面或多或少被柔毛⋯⋯⋯⋯⋯⋯⋯⋯⋯⋯⋯⋯⋯⋯⋯⋯**狭叶葡萄** *V. tsoi*

闽赣葡萄

Vitis chungii F. P. Metcalf

木质藤本。小枝圆柱形，有纵棱纹，无毛；卷须2叉分歧。叶片坚纸质，基部截状心形或近截形，边缘有小齿，无毛，被白色粉霜，脉两面隆起，网脉明显。花杂性异株；圆锥花序与叶对生；花瓣5枚；雄蕊5枚。浆果球形，熟时紫红色。花期4~6月，果期6~8月。

生于山坡疏林中或林缘路旁；常见。 全株入药，捣烂敷患处可治疗疮疡疖肿。

葡萄科 Vitaceae

毛葡萄

Vitis heyneana Roem. et Schult.

　　木质藤本。小枝圆柱形，有纵棱纹，被灰色或褐色蛛丝状茸毛；卷须2叉分歧，密被茸毛。叶片五角状卵形，基部宽心形或截状心形，边缘有小齿，基生脉3～5条，中央脉有侧脉4～6对。花瓣5片；雄蕊5枚，花丝丝状。浆果圆球形，熟时紫黑色。花期4～6月，果期6～10月。

　　生于山坡疏林或密林下，或林缘灌木丛中；少见。　果实可食或酿酒；根入药，可用于治疗风湿、跌打损伤；根皮入药，具有调经活血、补虚止带、清热解毒、生肌、利湿的功效；全株入药，具有止血、祛风湿、安胎、解热的功效；叶入药，具有清热利湿、消肿解毒的功效。

俞藤属 *Yua* C. L. Li

本属有2种，分布于中国、印度和尼泊尔。我国有2种；广西2种均有；姑婆山有1种。

大果俞藤

Yua austro-orientalis（F. P. Metcalf）C. L. Li

木质藤本。小枝圆柱形，褐色或灰褐色，多皮孔，无毛。叶为掌状复叶，具小叶5片；薄革质，倒卵形、狭倒卵形或椭圆形，边缘中部以上有小齿，被白色粉霜，脉两面隆起，脉网明显。花序为复二歧聚伞花序，被白色粉霜，无毛，与叶对生。浆果圆球形，紫红色，味酸甜。花期5～7月，果期10～12月。

生于沟谷、路旁；少见。 全株入药，具有祛风通络、散瘀消肿、活血止痛的功效；叶入药，具有清热解毒、收敛生肌的功效。

芸香科 Rutaceae

本科有155属1600多种，分布于热带、亚热带地区，少数分布于温带地区。我国有22属126种；广西有20属90种；姑婆山有6属12种，其中2种为栽培种。

分属检索表

1. 一年生或多年生草本；花两性；果为开裂的蓇葖果·······················石椒草属 Boenninghausenia
1. 乔木、灌木或木质藤本；花单性或两性；果为蓇葖果、核果或柑果。
  2. 果为蓇葖果。
    3. 叶互生；枝有皮刺···花椒属 Zanthoxylum
    3. 叶对生；枝无刺。
      4. 雄蕊5枚或4枚，雌蕊有明显的花柱；奇数羽状复叶或三出复叶，稀单小叶·················
      ···四数花属 Tetradium
      4. 雄蕊8枚，雌蕊花柱甚短；单小叶·····················蜜茱萸属 Melicope
  2. 果为核果或柑果。
    5. 有刺木质藤本；果为核果·····························飞龙掌血属 Toddalia
    5. 乔木或灌木，果为柑果·······························柑橘属 Citrus

石椒草属 Boenninghausenia Reihb. ex Meisn.

本属有1种，分布于亚洲东南部大陆及部分岛屿，东至日本。我国有1种，广西姑婆山亦有。

臭节草 大叶石椒、松风草
Boenninghausenia albiflora（Hook.）Rchb. ex Meisn.

多年生草本。嫩枝的髓部大而中空；分枝甚多，有浓烈气味。叶为2～3回三出复叶；小叶片薄纸质，倒卵形、菱形或椭圆形，老叶常为褐红色。花序多花；花序梗纤细，基部具小叶；花瓣白色，有时先端桃红色，有透明油点。蓇葖果具4个分果瓣，每个分果瓣有3～5粒褐黑色种子。花果期7～11月。

生于山坡疏林下；常见。 全草入药，具有清热、散瘀、凉血、舒筋、消炎的功效。

柑橘属 *Citrus* L.

本属约有20种，分布于亚洲东部至南部，太平洋群岛西南部，澳大利亚，现热带、亚热带地区常有栽培。我国有15种；广西有8种；姑婆山有4种，其中2种为栽培种。

分种检索表

1. 果皮粗糙，有9～21条明显纵沟纹·······························**莽山野柑** *C. mangshanensis*
1. 果皮较光亮，无明显沟纹·······························**道县野橘** *C. daoxianensis*

道县野橘

Citrus daoxianensis S. W. He et G. F. Liu

小乔木，高7～8 m。枝上有短刺。叶片宽披针形，长6～7.2 cm，宽2.3～3 cm；翼叶线形，短窄，与叶交接处具明显的关节。花单生叶腋，花瓣少于9片。果扁球形，横径约3.9 cm，纵径约2.9 cm，熟时果皮黄色或橙色，汁囊结构为长纺锤形，果胶较多，具酸味，具8～20 粒种子；果梗长0.3～0.5 cm。花期5月，果期11月。

生于山地疏林下；罕见。国家二级重点保护野生植物；是甜橙及酸橙等重要栽培种类古老的基因资源，是研究柑橘起源、分类及遗传育种等的宝贵材料。

莽山野柑

Citrus mangshanensis S. W. He et G. F. Liu

　　常绿灌木或小乔木。枝梢短细，具短刺。叶片卵圆形或椭圆形，边缘齿明显，背面灰白色；叶柄长1.2 cm。花白色，单花腋。果扁圆形不甚整齐；熟时果皮橙黄色，粗糙，有9～21条明显沟纹。花期4～5月，果熟期11月下旬至12月上旬。

　　生于山地疏林下；罕见。 国家二级重点保护野生植物；是甜橙及酸橙等重要栽培种类古老的基因资源，是研究柑橘起源、分类及遗传育种等的宝贵材料。

芸香科 Rutaceae

蜜茱萸属 *Melicope* J. R. Forst. et G. Forst.

本属有233种，主要分布于太平洋各岛屿及澳大利亚，亚洲大陆较少。我国有8种；广西有1种；姑婆山亦有。

三桠苦 三叉虎、石蛤骨、梅喊团
Melicope pteleifolia（Champ. ex Benth.）T. G. Hartley

常绿灌木至小乔木，高2～8 m。树皮灰白色；嫩枝扁平，节部常呈压扁状；小枝的髓部大；全株味苦。叶三出复叶，揉烂后有浓郁香气。花序腋生；花小而多，淡黄白色，常有透明油点。果淡黄色或茶褐色，散生透明油点。花期4～6月，果期9～10月。

生于山坡、林缘或沟谷疏林下；常见。 根、根皮、叶入药，具有清热解毒、祛风除湿的功效，可用于治疗肺热咳嗽、肺痈、风湿、关节痛、创伤感染发热等。

四数花属 *Tetradium* Lour.

本属有9种，分布于亚洲西南部。我国有7种；广西有5种；姑婆山有3种。

分种检索表

1. 小叶片两面及花序轴均被长毛；小叶片的油点对光透视时肉眼可见············**吴茱萸** *T. ruticarpum*
1. 当年生枝无毛或被短柔毛。
    2. 小叶片背面被短毛并有半透明淡黄色或白灰色腺点··················**华南吴萸** *T. austrosinense*
    2. 小叶片无毛··**楝叶吴萸** *T. glabrifolium*

华南吴萸　枪椿

Tetradium austrosinense（Hand.-Mazz.）T. G. Hartley

乔木。嫩枝及芽密被灰或红褐色短茸毛。叶为一回羽状复叶，具5～13片小叶；小叶卵状椭圆形或长椭圆形，生于叶轴基部的通常为卵形，对称或一侧略偏斜，边缘有细钝裂齿或近全缘，腹面常有疏短毛，中脉上的较密，背面被短柔毛，有干后褐色或黑色细油点。花序顶生；萼片及花瓣均5枚；花瓣淡黄白色。分果瓣淡紫红色至深红色，直径4～5.5 mm，油点微突起，有种子1粒。花期6～7月，果期9～11月。

生于山坡疏林或林缘；常见。 果入药，具有温中散寒、行气止痛的功效，云南屏边民间用于治疗疟疾。

芸香科 Rutaceae

吴茱萸 茶辣、石虎、吴萸

Tetradium ruticarpum（A. Juss.）T. G. Hartley

常绿灌木，高2～5 m。嫩枝暗紫红色，与嫩芽同被灰黄色或红锈色茸毛；茎皮、叶、嫩果均有强烈气味，苦而麻辣。叶为奇数羽状复叶，具小叶5～11片；小叶片椭圆形至阔卵形，具油点。雌雄异株，圆锥花序顶生。蓇葖果扁球形，密集成团，熟时暗紫红色，开裂为5个分果瓣。花期4～5月，果期8～11月。

生于山坡路旁；少见。 未成熟果实入药，具有散寒止痛、降逆止呃、助阳止泻的功效；叶入药，可用于治疗霍乱、下气、心腹冷气、内外肾痛；根或根皮入药，具有行气温中、杀虫的功效。

飞龙掌血属 *Toddalia* A. Juss.

本属有1种，分布于亚洲东部及东南部、非洲东部及西南部。姑婆山亦有。

飞龙掌血 入山虎、散血丹、猫爪簕
Toddalia asiatica（L.）Lam.

木质藤本。茎枝及叶轴有甚多向下弯钩的锐刺；嫩枝被锈色短柔毛。三出复叶互生；小叶无柄，卵形，倒卵形，密布透明油点，有柑橘叶的香气。雄花序为伞房状圆锥花序；雌花序为聚伞圆锥花序；花淡黄白色。核果熟时橙红色或朱红色，果皮味麻辣，果肉味甜。花期春夏季，果期秋冬季。

生于山坡疏林下或林缘；常见。 全株入药，多用其根，具有活血散瘀、祛风除湿、消肿止痛的功效，可用于治疗感冒风寒、风湿骨痛、跌打损伤。

芸香科 Rutaceae

花椒属 *Zanthoxylum* L.

本属约有250种，全球广泛分布，温带地区较少。我国有41种；广西有24种；姑婆山有2种。

分种检索表

1. 乔木···**大叶臭花椒** *Z. myriacanthum*
1. 木质藤本···**花椒簕** *Z. scandens*

大叶臭花椒 大叶臭椒、驱风通、雷公木
Zanthoxylum myriacanthum Wall. ex Hook. f.

乔木。树干有鼓钉状锐刺，花序轴散生较多的直刺，叶轴及小枝无刺；嫩枝的髓部大，常中空。叶为一回羽状复叶具7～17片小叶；小叶对生，阔卵形或卵状椭圆形，很少兼有近圆形，两面无毛，密布大的油点，中脉在腹面凹陷。花序顶生，花多；萼片和花瓣均5片；花瓣白色，雌花花瓣较大。蓇葖果熟时褐红色，果瓣先端无芒尖。花期6～8月，果期9～11月。

生于山坡路旁；少见。 枝、叶及果均有浓烈的花椒香气或特殊气味；根皮、树皮及嫩叶入药，具有祛风除温、活血散瘀、消肿镇痛的功效，可用于治疗风湿、湿疹、疝气痛、风寒感冒等。

花椒簕

Zanthoxylum scandens Blume

幼龄植株为直立灌木状，成年植株攀缘于其他树上。叶轴有较多锐刺。叶为一回羽状复叶具11～25片小叶，稀较少或更多；小叶边缘全缘或上半部有浅裂齿，中脉在腹面凹陷或近于平坦，被甚短柔毛；叶轴及小叶柄无毛或被短柔毛。花序腋生；萼片及花瓣均4片。果瓣红褐色，油点不甚明显，先端有短喙状芒尖，干后暗黑褐色或暗黑色。花期3～4月，果期7～9月。

生于山坡、沟谷密林下；常见。 根、皮及果入药，可用于治疗气滞血瘀、跌打损伤、风湿痹痛、胃痛、牙痛、毒蛇咬伤，外用于治疗水火烫伤。

苦木科 **Simaroubaceae**

本科有20属约95种，主要分布于热带和亚热带地区。我国有3属10种；广西有3属9种；姑婆山有1属1种。

苦树属 *Picrasma* Blume

本属有9种，分布于美洲热带和亚洲热带、亚热带地区。我国有2种；广西2种均有；姑婆山有1种。

苦树 杆狗木、熊胆木、苦皮树
Picrasma quassioides（D. Don）Benn.

落叶乔木。树皮薄，暗褐色至灰色，味极苦。奇数羽状复叶常聚生于枝顶，具小叶3～7对；小叶片边缘有齿，近无柄，除顶生小叶外，其余小叶基部均不对称。花雌雄异株，组成腋生复聚伞花序；花黄绿色。核果熟时由蓝绿色转为黑色，具增大的宿萼。花期4～5月，果期6～9月。

生于山坡疏林或密林中；常见。 树皮味极苦，含苦楝树甙和苦木胺，入药具有止泻、祛湿热的功效，可用于治疗疥疮、毒蛇咬伤，并常作杀虫农药。

棟科 Meliaceae

本科有50属约650种，分布于热带、亚热带地区，少数分布于温带地区。我国有17属40种；广西有15属28种；姑婆山有2属3种。

分属检索表

1. 果为蒴果，种子具翅·······································香椿属 *Toona*
1. 果为核果，种子无翅·······································棟属 *Melia*

棟属 *Melia* L.

本属有3种，分布于东半球热带、亚热带地区。我国有1种；姑婆山亦有。

棟 苦棟

Melia azedarach L.

落叶乔木。树皮灰褐色，纵裂；分枝广展；小枝有叶痕。叶为二回至三回奇数羽状复叶，长20～40 cm；小叶对生，卵形、椭圆形至披针形，顶生的一片通常略大。圆锥花序约与叶等长；花淡紫色。核果球形至椭圆形，长1～2 cm，宽8～15 mm。花期4～5月，果期10～12月。

生于山坡疏林下；常见。果实、根皮和树皮均可提取川楝素，入药具有驱蛔虫和钩虫的功效；花可提取芳香油，民间置席下可驱蚤虱；种子含油约39%，可制成肥皂和油漆，亦可加工成润滑油；茎皮纤维是造纸的原料。

棟科 Meliaceae

香椿属 *Toona* （Endl.） M. Roem.

本属有5种，分布于亚洲和大洋洲。我国有4种；广西4种均有；姑婆山有2种。

分种检索表

1. 小叶边缘全缘；蒴果具苍白色小皮孔·······································香椿 *T. sinensis*
1. 小叶边缘常有小齿；蒴果具大而明显的皮孔···························红椿 *T. ciliata*

红椿

Toona ciliata M. Roem.

落叶或半落叶乔木，高达30 m。树皮深绿色至黑褐色；小枝干时红色。叶为一回羽状复叶，具小叶6～12对，对生或近对生；小叶片纸质，披针形、卵形或长圆状披针形，边缘全缘，侧脉每边16～18条。圆锥花序与叶近等长，被微柔毛；花白色，有香气；花瓣卵状长圆形或长圆形，具缘毛。蒴果椭圆状长圆形。种子两端具翅，翅呈长圆状卵形，先端钝或短尖，通常上翅比下翅长。花期4～5月，果期7月。

生于山坡疏林或密林中，或林缘路旁；少见。 国家二级重点保护野生植物；树皮含单宁，可提取栲胶。

香椿

Toona sinensis（A. Juss.）M. Roem.

　　落叶乔木，高10～15 m。树皮鳞片状脱落。叶有特殊气味；偶数羽状复叶，具小叶8～10对，对生或互生；小叶片卵状披针形，基部不对称，边缘全缘或有疏离的小齿。圆锥花序与叶等长或更长；花白色。蒴果狭椭圆形，熟时深褐色。种子一端有翅。花期6～8月，果期10～12月。

　　生于山坡、沟谷疏林下；常见。 嫩芽具芳香，可作蔬菜，与鸡蛋同炒，别具风味；树姿优美，树木生长快，我国许多地方的村边和庭院常有种植，石灰岩山区常用作造林树种。

无患子科 Sapindaceae

本科有135属1500余种，广泛分布于热带、亚热带地区。我国有21属52种；广西有18属24种；姑婆山有2属2种，其中1属1种为栽培种。

柄果木属 *Mischocarpus* Blume

本属有15种，分布于亚洲东南部及澳大利亚。我国有3种；广西有2种；姑婆山有1种。

褐叶柄果木

Mischocarpus pentapetalus （Roxb.） Radlk.

常绿乔木。小枝仅嫩部被短茸毛。叶为羽状复叶，具小叶3～5对；小叶片纸质或薄革质，披针形、长圆状披针形或长圆形，侧脉每边10～15条。花序多分枝，稀总状，单生于叶腋或几个簇生于小枝近顶部，与叶近等长或更长；花瓣1～5枚或无花瓣；雄蕊8枚。蒴果梨状，1室，具种子1粒。花期春季，果期夏季。

生于山坡疏林下；少见。 根入药，具有止咳的功效，可用于治疗感冒咳嗽。

伯乐树科 **Bretschneideraceae**

本科有1属1种，即伯乐树属 *Bretschneidera*的伯乐树 *B. sinensis*，分布于中国和越南。姑婆山亦有。

伯乐树

Bretschneidera sinensis Hemsl.

乔木。小枝有较明显的皮孔。羽状复叶通常长25～45 cm，总轴有疏短柔毛或无毛，具小叶7～15片；小叶片纸质或革质，基部钝圆或短尖、楔形，多少偏斜，边缘全缘，腹面绿色，无毛，背面粉绿色或灰白色，有短柔毛，侧脉8～15对；小叶柄无毛。花序长20～36 cm；花序梗、花梗、花萼外面有棕色短茸毛；花淡红色。蒴果椭圆球形，近球形或阔卵形，被极短的棕褐色毛和常混生疏白色小柔毛。花期3～9月，果期5月至翌年4月。

生于低海拔至中海拔的山地林中；罕见。国家二级重点保护野生植物；单种科残遗植物，对研究被子植物的系统发育及古地理、古气候等均有较高的科学价值；植株高大，花序直立饱满，具有较高的观赏价值。

槭树科 **Aceraceae**

本科有3属约200种，分布于亚洲、欧洲、美洲的北温带和热带高山地区，主要分布于中国和日本。我国有2属约150种；广西有1属37种；姑婆山有1属6种。

槭属 *Acer* L.

本属约有129种，分布于非洲北部、亚洲、欧洲等的温带和热带地区。我国有99种；广西有37种；姑婆山有6种。

分种检索表

1. 花序为总状；冬芽有柄···青榨槭 *A. davidii*
1. 花序为伞房状或圆锥状；冬芽无柄。
  2. 叶片通常不分裂；多为常绿·····································罗浮槭 *A. fabri*
  2. 叶片通常3～5裂，稀7裂；落叶。
    3. 叶片5裂，或同一植株兼有3裂。
      4. 翅果较大，长3～3.5 cm·····························中华槭 *A. sinense*
      4. 翅果较小，长1.5～2 cm·····························黔桂槭 *A. chingii*
    3. 叶3裂。
      5. 翅果张开近于水平；叶片边缘全缘或有疏齿·············三峡槭 *A. wilsonii*
      5. 翅果张开成钝角；叶片边缘有锐尖齿·····················岭南槭 *A. tutcheri*

黔桂槭 桂北槭
Acer chingii Hu

落叶乔木，植株高7～15 m，胸径7～20 cm。叶片近圆形，基部心形，常5裂，裂片披针形；叶柄有淡黄色长柔毛。圆锥花序长约5 cm，直径约2 cm；花杂性；萼片5枚；花瓣5片，淡白色。翅果嫩时淡紫色，老时淡黄色；小坚果突起，近球形，翅基部狭窄，近先端最宽，宽5～7 mm，连同小坚果长1.8～2 cm，张开呈锐角。花期4月，果期9月。

生于沟谷疏林下；常见。

青榨槭 青虾蟆

Acer davidii Franch.

　　落叶乔木，植株高10～15 m，胸径20～30 cm。叶片纸质，长圆状卵形或长圆形，边缘有钝齿，羽状侧脉每边11～12条。花黄绿色，杂性，与嫩叶同时开放；总状花序下垂；雄花9～12朵，花序与花梗均较短；两性花15～30朵，花序与花梗均较长；萼片5枚；花瓣5片，与萼片等长。翅果嫩时淡绿色，熟时黄褐色，张开呈钝角或几成水平。花期4月，果期9月。

　　生于山坡、沟谷疏林或林缘；常见。　根、树皮入药，具有祛风除湿、散瘀止痛、消食健脾的功效。

槭树科 Aceraceae

罗浮槭 红枝槭
Acer fabri Hance

常绿乔木，植株高达10 m。叶片革质，披针形、长圆状披针形或长圆状倒披针形，长7～11 cm，宽2～3 cm，先端锐尖，基部楔形或钝形，边缘全缘；侧脉每边4～5条。伞房花序；花杂性，萼片5片，花瓣5片，白色。翅果嫩时紫色，熟时黄褐色或淡褐色；小坚果突起；翅与小坚果张开呈钝角。花期3～4月，果期9月。

生于山坡疏林下；常见。 果实入药，具有清热解毒的功效。

罗浮槭 红枝槭
Acer fabri Hance

中华槭 华槭

Acer sinense Pax

落叶乔木，植株高3～5 m，稀达10 m。叶片近革质，常5裂，裂片边缘有紧贴的圆状细齿，背面略有白色粉霜。花序圆锥状；花盘有长柔毛；花柱较长，子房被白色疏柔毛。翅果长3～3.5 cm，张开呈锐角或钝角。花期5月，果期9月。

生于山坡疏林下；常见。 根皮入药，具有祛风除湿的功效，可用于治疗扭伤、骨折、风湿痹痛。

槭树科 Aceraceae

岭南槭

Acer tutcheri Duthie

落叶乔木，植株高5～10 m。叶片纸质，阔卵形，通常3裂，稀5裂，裂片三角状卵形，稀卵状长圆形。花杂性；圆锥花序，长6～7 cm；萼片4枚；花瓣4片；花盘微被长柔毛，微裂，位于雄蕊外侧。翅果嫩时淡红色，熟时淡黄色；小坚果突起，脉纹显著，直径约6 mm，翅宽8～10 mm，连同小坚果长2～2.5 cm，张开呈钝角。花期4月，果期9月。

生于山坡疏林或密林下；常见。

岭南槭

三峡槭

Acer wilsonii Rehder

落叶乔木，植株高10～15 m。叶片薄纸质，卵形，基部圆形，稀截形或近心形，常3裂，稀5裂，裂片近先端边缘有细齿，其余全缘。花杂性；圆锥花序；萼片5枚，花瓣5片，长圆形，与萼片等长或略长，白色，先端钝尖或有牙齿状锯齿。圆锥果序常下垂；翅果黄褐色；小坚果卵圆形或卵圆状长圆形，特别突起，网脉显著。花期4月，果期9月。

生于沟谷、疏林下；常见。

清风藤科 Sabiaceae

本科有3属约80种，分布于亚洲南部及美洲热带和暖温带地区。我国有2属46种；广西有2属31种；姑婆山有2属8种。

分属检索表

1. 乔木··泡花树属 Meliosma
1. 木质藤本··清风藤属 Sabia

泡花树属 *Meliosma* Blume

本属约有50种，分布于亚洲东南部和美洲中部及南部。我国有29种；广西有20种；姑婆山有4种。

分种检索表

1. 单叶。
  2. 叶片边缘全缘，椭圆形或卵形·····························樟叶泡花树 *M. squamulata*
  2. 叶片边缘全缘或上部有齿，倒披针形、狭倒卵形。
    3. 叶片纸质，侧脉每边15～25条；叶柄长1～2.5 cm·············毛泡花树 *M. velutina*
    3. 叶片革质，侧脉每边9～18条；叶柄长1.5～4 cm·············笔罗子 *M. rigida*
1. 羽状复叶，叶轴顶端3片小叶的叶柄无节·····················腺毛泡花树 *M. glandulosa*

腺毛泡花树

Meliosma glandulosa Cufod.

乔木，植株高达15 m。小枝暗褐色，无毛。叶为羽状复叶，具7～9片小叶；小叶片近革质，背面粉绿色，侧脉每边6～10条。圆锥花序顶生；花瓣5片，外面3片花瓣淡绿色。核果球形。花期夏季，果期秋季。

生于山坡密林或林缘路旁；少见。根皮入药，具有利水解毒的功效。

樟叶泡花树

Meliosma squamulata Hance

常绿灌木或小乔木，植株高可达15 m。幼枝及芽被褐色短柔毛，老枝无毛。单叶，轮状互生；叶片薄革质，腹面无毛，有光泽，背面粉绿色，密被黄褐色、极微小的鳞片（在放大镜下可见），侧脉每边3～5条。圆锥花序顶生或腋生，单生或2～8个聚生；花序轴、分枝、花梗、苞片均密被褐色柔毛；花白色。核果球形。花期7～8月，果期9～10月。

生于山坡、沟谷密林下；常见。

毛泡花树

Meliosma velutina Rehder et E. H. Wilson

　　乔木。当年生枝、芽、叶柄至叶背中脉、花序被褐色茸毛。叶片倒披针形或倒卵形，先端渐尖，2/3以下渐狭成楔形，边缘全缘或近先端有数枚齿，腹面中脉及侧脉残留有长柔毛，背面被长柔毛，侧脉每边15～25条，向上弯拱至近叶缘处与上侧脉会合；叶柄粗壮，长1～2.5 cm。圆锥花序顶生，长20～26 cm；花白色，近于无花梗；萼片5枚，卵形，外面的较小，被柔毛并有缘毛；子房卵形，无毛。花期4～5月，果期10～11月。

　　生于山坡林缘；少见。　根、叶入药，具有止咳化痰的功效。

清风藤属 *Sabia* Colebr.

本属约有30种，广泛分布于亚洲南部至东南部。我国有17种；广西有11种；姑婆山有4种。

分种检索表

1. 嫩枝及叶片背面被毛·······························尖叶清风藤 *S. swinhoei*
1. 植株无毛。
　2. 叶片背面灰白色·······························灰背清风藤 *S. discolor*
　2. 叶片背面绿色。
　　3. 聚伞花序再排成伞房花序式·······················簇花清风藤 *S. fasciculata*
　　3. 聚伞花序再排成圆锥花序·······················柠檬清风藤 *S. limoniacea*

灰背清风藤

Sabia discolor Dunn

常绿攀缘木质藤本。嫩枝具纵条纹，老枝深褐色，具白蜡层。叶片纸质，卵形或椭圆状卵形，先端尖或钝，干后腹面黑色，背面灰白色。聚伞花序呈伞形状，有花4～5朵。分果瓣红色，倒卵形；果核的中肋明显隆起呈翅状，两侧面有不规则的块状凹穴。花期3～4月，果期5～8月。

生于山坡疏林下；常见。 根、枝入药，具有祛风除湿、止痛的功效，可用于治疗风湿胃痛、跌打损伤、肝炎等。

清风藤科 Sabiaceae

柠檬清风藤

Sabia limoniacea Wall. ex Hook. f. et Thomson

常绿攀缘木质藤本。叶片革质，椭圆形、长圆状椭圆形或卵状椭圆形，先端短渐尖或急尖，网脉在背面明显隆起。聚伞花序有花2～4朵，再排成狭长的圆锥花序，长7～15 cm，直径不到2 cm；花淡绿色、黄绿色或淡红色。分果瓣近球形或近肾形，长1～1.7 cm，红色。花期8～11月，果期翌年1～5月。

生于沟谷疏林下；常见。 根、茎入药，广西民间常用于治疗产后瘀血不尽、风湿痹痛。

柠檬清风藤

尖叶清风藤

Sabia swinhoei Hemsl. ex

　　常绿攀缘木质藤本。小枝纤细，被长而垂直的柔毛。叶片椭圆形、卵状椭圆形、卵形或宽卵形，先端渐尖或尾状尖，基部楔形或圆形。聚伞花序有花2～7朵；花浅绿色。分果爿红色或深蓝色，近圆形或倒卵形，基部偏斜。花期3～4月，果期7～9月。

　　生于山坡疏林下；常见。 根、茎、叶入药，具有祛风止痛的功效。

省沽油科 Staphyleaceae

本科有3属40～50种，主要分布于亚洲热带、亚热带地区。我国有3属20种；广西有3属12种；姑婆山有2属2种。

分属检索表

1. 浆果，肉质或革质；羽状复叶具小叶3～9片或为单叶……………………………山香圆属 Turpinia
1. 蓇葖果，果皮软革质；羽状复叶具小叶5片………………………………………野鸦椿属 Euscaphis

野鸦椿属 *Euscaphis* Sieb. et Zucc.

本属有1种，分布于亚洲东部。广西姑婆山亦有。

野鸦椿 鸡肾果、酒药树
Euscaphis japonica （Thunb.） Kanitz

落叶小乔木或灌木。小枝及芽红紫色，枝叶揉碎后发出恶臭气味。叶为奇数羽状复叶，对生，具小叶5～9片；小叶片长卵形或椭圆形，边缘具疏短锯齿，齿尖有腺体。圆锥花序顶生；花多，较密集，黄白色；每朵花发育为1～3个蓇葖。蓇葖果长1～2 cm，果熟时紫红色。花期5～6月，果期8～9月。

生于沟谷疏林下或林缘路旁；常见。 种子油可制皂；树皮可提取栲胶；树皮、根皮、果实和叶入药，具有通经活络、理气消积、退翳的功效；也可作庭院观赏树种。

山香圆属 *Turpinia* Vent.

本属有30～40种，分布于中国、印度、斯里兰卡、日本及北美洲。我国有13种；广西有8种；姑婆山有1种。

锐尖山香圆

Turpinia arguta （Lindl.）Seem.

落叶灌木，植株高1～3 m。单叶，对生；叶片椭圆形或长椭圆形，长7～22 cm，宽2～6 cm，先端渐尖，具尖尾，边缘具疏锯齿，齿尖具硬腺体。顶生圆锥花序较叶短；花梗中部具2枚苞片；花白色。果近球形，幼时绿色，熟时红色，干后黑色。花期3～4月，果期9～10月。

生于沟谷疏林下；常见。 叶可作家畜饲料；根、叶入药，具有活血散瘀、消肿的功效。

漆树科 Anacardiaceae

漆树科 **Anacardiaceae**

本科有77属600多种，分布于热带、亚热带地区，少数分布于寒温带地区。我国有17属55种；广西有11属26种；姑婆山有3属4种1变种。

分属检索表

1. 果大，直径大于1 cm···南酸枣属 *Choerospondias*
1. 果小，直径不超过1 cm。
  2. 圆锥花序顶生；果被腺毛···**盐肤木属** *Rhus*
  2. 圆锥花序腋生；果无毛···漆属 *Toxicodendron*

南酸枣属 *Choerospondias* B. L. Burtt et A. W. Hill

本属有1种，分布于印度东北部、中南半岛经中国至日本。姑婆山亦有。

南酸枣 五眼果、鼻涕果、酸枣
Choerospondias axillaris（Roxb.）B. L. Burtt et A. W. Hill

高大落叶乔木。树皮灰褐色，片状剥落。奇数羽状复叶互生；小叶对生，卵形或卵状披针形或卵状长圆形，基部多少偏斜；叶柄纤细，基部略膨大。花单性或杂性异株；雄花和假两性花组成圆锥花序；雌花单生于上部叶腋。核果椭圆状球形，熟时黄色。花期4月，果期8～10月。

生于山坡疏林或林缘路旁；少见。 优良的速生造林树种；树皮和叶可提栲胶；果可生食或酿酒；果核可作活性炭原料；茎皮纤维可制成绳索；树皮和果入药，具有消炎解毒、止血止痛的功效，外用于治疗大面积水火烫伤。

盐肤木属 *Rhus* L.

本属约有250种，分布于亚热带至暖温带地区。我国有6种；广西有2种；姑婆山有1种1变种。

分种检索表

1. 叶轴无翅···滨盐肤木 *R. chinensis* var. *roxburghii*

1. 叶轴有翅···盐肤木 *R. chinensis*

盐肤木　五倍子树

Rhus chinensis Mill.

　　落叶小乔木或灌木，植株高2～10 m。小枝、叶柄及花序均密被锈色柔毛。奇数羽状复叶；叶轴具宽的叶状翅；小叶自下而上逐渐增大，边缘具疏齿，无柄。圆锥花序顶生，多分枝；雄花序长30～40 cm，雌花序较短；花小，黄白色。核果扁圆形，红色。花期8～9月，果熟期10月。

　　生于山坡疏林或林缘路旁；常见。　在幼枝和叶上形成虫瘿即"五倍子"，可供鞣革、医药、塑料和墨水等工业用；幼枝和叶可用作制土农药；果生食酸咸可止渴，泡水代醋用；根、叶、果、虫瘿入药，具有敛肺涩肠、止血消汗、凉血解毒、活血散瘀的功效；叶可作绿肥。

漆树科 Anacardiaceae

漆属 *Toxicodendron* Mill.

本属约有20种，分布于亚洲东部及北美洲至中美洲。我国有16种；广西有7种；姑婆山有2种。

分种检索表

1. 植物体各部无毛·······································野漆 *T. succedaneum*
1. 小枝、叶轴、叶柄及花序均被毛·····················山漆树 *T. sylvestre*

野漆

Toxicodendron succedaneum（L.）Kuntze

落叶乔木或小乔木。小枝粗壮。奇数羽状复叶互生，无毛，有小叶4～7对；小叶对生或近对生，坚纸质至薄革质，长圆状椭圆形、阔披针形或卵状披针形，先端渐尖或长渐尖，基部多少偏斜，边缘全缘，两面无毛，背面常具白色粉霜。圆锥花序，多分枝，无毛；花黄绿色，花萼无毛，裂片阔卵形，先端钝；花瓣长圆形，先端钝，开花时外卷。核果，偏斜，压扁，顶端偏离中心；熟时外果皮薄，淡黄色，无毛；中果皮厚，蜡质，白色。花期5月，果期7～10月。

生于山坡、山顶疏林或密林下；少见。 根、叶及果入药，具有清热解毒、散瘀生肌、止血、杀虫的功效。

山漆树　木蜡树

Toxicodendron sylvestre（Sieb. et Zucc.）Kuntze

落叶乔木或小乔木。树皮灰褐色；幼枝、芽、叶轴、叶柄被黄褐色茸毛。奇数羽状复叶互生，具小叶3～6对，稀7对，对生；小叶片圆形或阔楔形，基部不对称，边缘全缘，腹面中脉密被卷曲微柔毛，其余被平伏微柔毛，背面被柔毛，侧脉每边15～25条。圆锥花序长8～15 cm，密被锈色茸毛；花黄色。核果极偏斜，压扁，顶端偏于一侧；外果皮薄，具光泽，熟时不裂；中果皮蜡质。花期4～5月，果期6～10月。

生于山坡疏林下；少见。 种子榨油可制肥皂、油墨和油漆；叶入药，可用于治疗蛔虫病、创伤出血、胼胝；根入药，可用于治疗气郁胸闷、胸肺受伤、咳血、吐血、腰痛等。

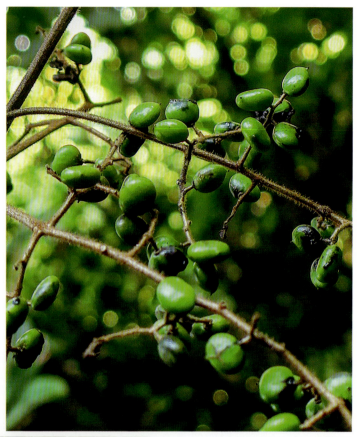

牛栓藤科 Connaraceae

本科有24属约390种，主要分布于非洲及亚洲热带地区，少数分布于亚热带地区。我国有6属9种；广西有3属5种；姑婆山有1属1种。

红叶藤属 *Rourea* Aubl.

本属约有100种，主要分布于非洲、美洲和亚洲的热带地区。我国有3种；广西3种均有；姑婆山有1种。

小叶红叶藤 铁藤、牛见愁

Rourea microphylla（Hook. et Arn.）Planch.

攀缘灌木。茎无毛或幼枝被疏短柔毛。奇数羽状复叶，无毛，叶轴长5～12 cm，具小叶7～17片；小叶片先端渐尖而钝，基部楔形至圆形，常偏斜，边缘全缘，两面均无毛；侧脉4～7对，开展，在未达边缘前会合；小叶柄极短，长约2 mm，无毛。圆锥花序簇生于叶腋内；花瓣白色、淡黄色或淡红色，无毛，有纵脉纹；雄蕊10枚。蓇葖果椭圆形或斜卵形，长1.2～1.5 cm，熟时红色，弯曲或直。花期3～9月，果期5月至翌年3月。

生于山坡疏林中或林缘；少见。 根及茎叶入药，具有止血止痛、活血通经的功效；茎皮含单宁，可提取栲胶。

胡桃科 Juglandaceae

本科有9属约60种，大多数分布于北温带和亚洲热带地区。我国有7属20种；广西有7属15种；姑婆山有2属2种。

分属检索表

1. 果序不成球果状···黄杞属 *Engelhardia*
1. 果序球果状···化香树属 *Platycarya*

黄杞属 *Engelhardia* Lesch. ex Bl.

本属约有7种，分布于亚洲热带、亚热带地区。我国有4种；广西有3种；姑婆山有1种。

黄杞

Engelhardia roxburghiana Wall.

乔木。树皮褐色；小枝暗褐色。偶数羽状复叶，对生或近对生，通常具小叶3～5对；小叶片革质，两面均无毛，基部歪斜，全缘，侧脉10～13对。花通常雌雄同株，稀有异株；雄花序杂生，下垂，苞片和小苞片较小；雌花序单生，有花序梗；雌花与雄花的苞片均3裂；雄花雄蕊12枚，花药无毛。坚果球形，密生黄褐色腺体，有3裂的叶状膜质果翅。花期4～5月，果期8～9月。

生于山坡密林下；少见。 树皮入药，具有行气、化湿、导滞的功效；叶入药，具有清热止痛的功效。

胡桃科 Juglandaceae

化香树属 *Platycarya* Sieb. et Zucc.

本属有2种，分布于中国、朝鲜、日本。我国有2种；广西2种均有；姑婆山有1种。

化香树
Platycarya strobilacea Sieb. et Zucc.

落叶小乔木。树皮灰褐色，纵裂。奇数羽状复叶，具小叶7～23片，叶总柄及叶轴被被褐色短柔毛，后渐无毛；小叶片纸质。花单性，雌雄同株；两性花序常生于小枝顶端的中央；两性花序的下端为雌花序，上端为雄花序；雄花的苞片浅黄绿色，雄蕊8枚，花药2室；雌花的苞片宽卵形，花柱短。果序球果状，长椭圆形或卵状椭圆形。花期5～6月，果期9～10月。

生于山坡林中或林缘路旁；少见。 叶入药，具有解毒、止痒、杀虫的功效；果入药，具有顺气祛风、消肿止痛、燥湿杀虫的功效。

山茱萸科 Cornaceae

本科有15属约120种，主要分布于热带至温带地区。我国有9属约60种；广西有4属26种；姑婆山有2属2种。

分属检索表

1. 叶片边缘有齿···桃叶珊瑚属 *Aucuba*

1. 叶片边缘全缘···山茱萸属 *Cornus*

桃叶珊瑚属 *Aucuba* Thunb.

本属约有11种，分布于中国、越南、缅甸、不丹、印度、朝鲜和日本。我国有10种；广西有8种；姑婆山有1种。

倒心叶珊瑚

Aucuba obcordata（Rehder）S. H. Fu ex W. K. Hu et Soong

灌木或小乔木。小枝平滑无毛。叶片厚纸质，稀近于革质，常为倒心形或倒卵形，先端截形或倒心形，具长1.5～2 cm的急尖尾，基部窄楔形，边缘具缺刻状粗齿，侧脉在腹面微下凹，在背面突出；叶柄被粗毛。雄花序为总状圆锥花序，长8～9 cm，花紫红色，花瓣先端具尾尖；雌花序短圆锥状，长1.5～2.5 cm；雌花瓣形态近于雄花瓣。果较密集，卵圆形。花期3～4月，果熟期9～11月或更晚。

生于山坡疏林或林缘路旁；常见。 叶入药，可用于治疗水火烫伤、跌打损伤；极耐荫蔽，为珍贵的耐荫树种，可植于庭园中荫蔽处，也可盆栽，作室内观赏植物。

山茱萸科 Cornaceae

山茱萸属 *Cornus* L.

本属有55种，分布于印度东北部、孟加拉北部、尼泊尔、不丹、越南、老挝、中国、朝鲜和日本。我国有25种；广西有12种；姑婆山有1种。

香港四照花

Cornus hongkongensis Hemsl.

乔木或灌木。老枝有多数皮孔。叶片椭圆形至长椭圆形，稀倒卵状椭圆形。头状花序球形，由50～70朵花聚集而成；总苞片4枚，白色；花小，淡黄色，有香味；花萼管状。果序球形，直径约2.5 cm，熟时黄色或红色。花期5～6月，果期11～12月。

生于山坡或沟谷疏林下；常见。果味甜，可食用或用作酿酒；根、全株入药，具有活血、止痛、消肿的功效；叶、花入药，具有清热解毒、止血的功效。

八角枫科 Alangiaceae

本科有1属，即八角枫属 Alangium，约21种，主要分布于亚洲、大洋洲和非洲。我国有11种；广西11种均有；姑婆山有2种1变种。

分种检索表

1. 花较小，花瓣长1 cm以下···小花八角枫 A. faberi
1. 花较大，花瓣长1 cm以上。
  2. 幼枝被淡黄色茸毛和短柔毛；雄蕊的药隔被毛·······················毛八角枫 A. kurzii
  2. 幼枝无毛；雄蕊的药隔无毛···八角枫 A. chinense

小花八角枫

Alangium faberi Oliv

落叶灌木。叶片薄纸质至膜质，二型，不裂或掌状三裂；不分裂者长圆形或披针形，腹面幼时有稀疏的小硬毛，背面有粗伏毛，老时几乎无毛。聚伞花序短而纤细，有淡黄色粗伏毛，有花5～10（20）朵。核果近卵形，熟时淡紫色，顶端有宿存的萼齿。花期6月，果期9月。

生于山坡疏林或林缘路旁；常见。 根、叶入药，具有祛风除湿、通经活络、行气止痛的功效，可用于治疗风湿性腰、腿、臂痛、胃痛、跌打损伤等症。

八角枫科 Alangiaceae

毛八角枫
Alangium kurzii Craib

　　落叶小乔木。当年生小枝密被短柔毛和淡黄色茸毛；老枝无毛。叶片近圆形或阔卵形，基部两侧不对称，边缘全缘，背面密被黄褐色丝状茸毛，主脉3～5条，侧脉6～7对。聚伞花序有花5～9朵；花瓣初开时白色，后变淡黄色，外面密被紧贴的褐黄色微柔毛。核果椭圆形或长圆状椭圆形，幼嫩时紫褐色，熟时黑色，顶端有宿存花萼。花期5～6月，果期8～9月。

　　生于沟谷疏林下或林缘；少见。　根皮入药，具有散瘀止痛的功效，可用于治疗风湿关节炎、跌打损伤；种子可榨油，供工业用。

蓝果树科 Nyssaceae

本科有5属约30种，分布于亚洲东部和北美洲东部的温带地区。我国有3属10种；广西有2属4种；姑婆山有2属2种。

分属检索表

1. 果为翅果，常多数聚集成头状果序⋯⋯⋯⋯⋯⋯⋯⋯⋯⋯⋯⋯⋯⋯⋯⋯⋯⋯喜树属 *Camptotheca*

1. 果为核果，常单生或数个簇生⋯⋯⋯⋯⋯⋯⋯⋯⋯⋯⋯⋯⋯⋯⋯⋯⋯⋯⋯蓝果树属 *Nyssa*

喜树属 *Camptotheca* Decne.

本属有1种，我国特有；姑婆山亦有。

喜树

Camptotheca acuminata Decne.

落叶乔木。当年生枝被灰色柔毛。叶片纸质，卵状椭圆形或椭圆形，长12～20 cm或更长，宽6～8 cm或更宽，边缘全缘。花排成直径约1.5 cm的球形头状花序，再组成圆锥花序；雌花顶生，花柱长3～4 mm，顶端3裂；雄花苞片3枚，花瓣5片，花盘显著，雄蕊10枚，外轮较长。果狭长圆形，有窄翅，顶端具宿存花萼和花盘。花期6～8月，果期7～10月。

生于林缘路旁；少见。 根、果、树皮、树枝及叶入药，具有抗癌、清热、杀虫的功效。

蓝果树科 Nyssaceae

蓝果树属 *Nyssa* L.

本属约有12种，分布于亚洲和美洲。我国有7种；广西有3种；姑婆山有1种。

蓝果树 紫树、枇萨木

Nyssa sinensis Oliv.

乔木，植株高达20 m。叶片椭圆形至长卵形，背面疏生微柔毛，侧脉6～10对。雄花雄蕊5～10枚，雌花近无梗。核果椭圆形或长卵球形，略扁，直径0.5～0.7 cm，熟时深蓝色，后变褐色；果梗长3～4 mm，种子表面有8～10条纵沟或不明显。花期4～5月，果期8～9月。

生于山坡、沟谷疏林或密林下；常见。 根入药，具有抗癌的功效。

五加科 **Araliaceae**

本科有50属1350多种，广泛分布于热带、亚热带地区，很少分布于温带地区。我国有23属约180种；广西有17属74种；姑婆山有6属12种1变种，其中1属1种为栽培种。

分属检索表

1. 单叶，叶片边缘全缘或掌状分裂。
  2. 木质藤本至攀缘性灌木，幼时有气生根攀于他物上升······················**常春藤属** *Hedera*
  2. 高大乔木或灌木，无气生根····································**树参属** *Dendropanax*
1. 掌状复叶或羽状复叶。
  3. 掌状复叶。
    4. 植物体无刺·····································**鹅掌柴属** *Schefflera*
    4. 植物体具刺·································**刺五加属** *Eleutherococcus*
  3. 羽状复叶···**楤木属** *Aralia*

楤木属 *Aralia* L.

本属约有40种，主要分布于亚洲，少数分布于北美洲。我国有29种；广西有15种；姑婆山有4种。

分种检索表

1. 叶片无毛···秀丽楤木 *A. debilis*
1. 叶片被毛。
  2. 花无梗；多数头状花序再排成伞房状大型圆锥花序·····················头序楤木 *A. dasyphylla*
  2. 花具梗；多数伞形花序再排成大型圆锥花序。
    3. 叶轴和花序轴的扁刺先端钩曲，无刺毛···················野楤头 *A. armata*
    3. 叶轴和花序轴的扁刺直，先端不钩曲，并密生多数针状刺毛···········长刺楤木 *A. spinifolia*

五加科 Araliaceae

头序楤木 厚叶楤木
Aralia dasyphylla Miq.

灌木或小乔木。树干、枝条及叶轴有刺（有时叶轴无刺）并被淡黄褐色茸毛。叶为二回羽状复叶；羽片有小叶7～9片，基部有小叶1对；小叶腹面被糙毛，背面被茸毛，侧脉每边7～9条；侧生小叶无柄。多数头状花序排成伞房状大型圆锥花序，密被黄褐色茸毛；花无梗；花柱5枚，离生。果球形，具5条棱，熟时近黑色。花期8～10月，果期11～12月。

生于山坡路旁；常见。 根皮、茎皮入药，具有祛风除湿、利尿消肿、活血止痛、杀虫的功效。

秀丽楤木

Aralia debilis J. Wen

　　小灌木。小枝无毛，疏生细刺，刺长可达1.2 cm。叶为二回羽状复叶，羽片有小叶5～11片，基部有小叶1对，叶柄有刺或无刺；小叶片膜质，腹面无毛或疏生短刺毛，背面灰绿色，边缘疏生齿或幼时为不规则粗齿，侧脉每边4～6条；侧生小叶具极短柄。伞形状圆锥花序疏散，长10～20 cm，无毛。果倒锥形。花期7～11月，果期11～12月。

　　生于山坡路旁或林缘灌木丛；少见。 全株入药，具有清热解毒、行气止痛的功效。

长刺楤木

Aralia spinifolia Merr.

　　灌木，植株高2～3 m。小枝灰白色，疏生多数或长或短的刺，并密生刺毛。叶为二回羽状复叶；小叶具侧脉5～7对，两面明显。花序轴和花序梗均密生刺和刺毛；花瓣5枚，淡绿白色。果卵球形，熟时黑褐色，有5条棱。花期8～10月，果期10～12月。

　　生于沟谷疏林下；常见。　根入药，具有驳骨、解毒的功效，可用于治疗头昏、头痛、吐血、血崩、风湿、跌打损伤等。

树参属 *Dendropanax* Decne. et Planch.

本属约有80种，分布于热带美洲及亚洲东部。我国有14种；广西有9种；姑婆山有3种。

分种检索表

1. 叶片具半透明腺点···树参 *D. dentiger*
1. 叶片无透明腺点。
  2. 叶同型，叶片椭圆形或椭圆状卵形，羽状脉；复伞形花序·············海南树参 *D. hainanensis*
  2. 叶异型，叶片不分裂或掌状分裂，形状极多变，基部出脉3条或有时不明显；伞形花序······
  ··变叶树参 *D. proteus*

树参 枫荷桂、半枫荷

Dendropanax dentiger （Harms） Merr.

乔木或灌木。叶片厚纸质或革质，半透明腺点十分密集，叶形多变，往往在同一枝上全缘叶与分裂叶共存；不裂叶为椭圆形或卵状披针形；分裂叶倒三角形，2～3裂，三出脉。伞形花序单生或2～3个组成复伞形花序。果近球形，熟时红色，具5条棱。花期8～10月，果期10～12月。

生于山坡密林下；常见。 根及树皮入药，具有通经络、散瘀血、壮筋骨的功效，为风湿要药，扭挫伤亦可用。

五加科 Araliaceae

海南树参

Dendropanax hainanensis（Merr. et Chun）Chun

乔木。小枝粗壮，无毛。叶片纸质，先端长渐尖或尾状，基部楔形，两面均无毛，无腺点，边缘全缘，羽状网脉，基部无三出脉，中脉在腹面隆起，侧脉约8对；叶柄长1～9 cm，无毛。伞形花序顶生，4～5个聚生成复伞形花序，在中轴上通常另有1～2个总状排列的伞形花序；花瓣5片；花柱合生成柱状，子房5室。核果球形，有5条棱，熟时浆果状，暗紫色。花期6～7月，果期10月。

生于山坡、山谷密林或疏林中；少见。

变叶树参 三层楼

Dendropanax proteus（Champ. ex Benth.）Benth.

直立灌木。叶形变异大，不分裂叶片椭圆形、卵状椭圆形、椭圆状披针形、长圆状披针形至线状披针形或狭披针形；分裂叶片倒三角形，掌状2～3深裂。伞形花序单生或2～3个聚生，花多数；萼筒顶端有4～5枚小齿；花瓣4～5片。果球形，平滑，直径5～6 mm。花期8～9月，果期9～10月。

生于山坡、沟谷疏林下；常见。 根及树皮入药，具有祛风除湿、活血散瘀的功效，民间常用于治疗风湿、跌打损伤。

五加科 Araliaceae

刺五加属 *Eleutherococcus* Maxim.

本属约有40种，分布于亚洲东部及喜马拉雅地区。我国有18种；广西有3种；姑婆山有1种。

白簕

Eleutherococcus trifoliatus（L.）S. Y. Hu

灌木。老枝灰白色，新枝黄棕色，疏生下向刺；刺基部扁平，先端钩曲。掌状复叶有小叶3片，稀4～5片，叶柄无毛；小叶片纸质，先端尖至渐尖，基部楔形，两侧小叶片基部歪斜，两面无毛，边缘有细齿或钝齿，小叶柄长2～8 mm，有时几乎无柄。伞形花序3～10个，稀多至20个组成顶生复伞形花序或圆锥花序；花序梗无毛；花黄绿色。果扁球形，熟时黑色。花期8～11月，果期9～12月。

生于山坡路旁、林缘灌木丛中；常见。 为民间常用草药，根入药，具有祛风除湿、舒筋活血、消肿解毒的功效，可用于治疗感冒、咳嗽、风湿、坐骨神经痛等。

常春藤属 *Hedera* L.

本属有15种，分布于亚洲、欧洲、非洲北部。我国有2种；广西有1种；姑婆山有1变种。

常春藤

Hedera nepalensis var. *sinensis*（Tobl.）Rehder

常绿木质藤本。以气生根攀缘。一年生枝疏生锈色鳞片，幼嫩部分和花序上有锈色鳞片。叶互生；营养枝上的叶片三角状卵形，通常3浅裂；花枝上的叶片椭圆状卵形，基部常歪斜，边缘全缘。伞形花序顶生；花黄白色或绿白色。果圆球形，熟时黄色或红色。花期9～11月，果期翌年3～5月。

生于山坡、沟谷密林下；常见。 全株入药，可用于治疗胃胀痛、咳嗽等；性耐阴，攀附力强，可用于林下点缀。

鹅掌柴属 *Schefflera* J. R. Forst. et G. Forst.

本属约有1100种，广泛分布于热带、亚热带地区。我国有35种；广西有14种；姑婆山有3种。

分种检索表

1. 穗状花序组成圆锥花序；小叶片背面密生星状茸毛，将网脉掩盖…………**穗序鹅掌柴 *S. delavayi***

1. 总状花序组成圆锥花序；小叶片背面无毛或疏生星状茸毛，网脉明显。

  2. 小叶6～10片，老时叶片两面无毛或仅沿中脉和脉腋被毛……………**鹅掌柴 *S. heptaphylla***

  2. 小叶7～15片，老时叶片背面仍被灰褐色星状茸毛………………**星毛鹅掌柴 *S. minutistellata***

鹅掌柴

Schefflera heptaphylla（L.）Frodin

小乔木。树冠圆伞形；小枝幼时密生星状短柔毛。叶聚生于枝顶，掌状复叶似鹅掌，具小叶6～10片；小叶片背面被毛。圆锥花序顶生；主轴和分枝幼时密生星状短柔毛；花白色，多而具芳香。浆果球形，熟时黑色。花期11～12月，果期翌年1～2月。

生于山坡、山谷疏林或密林下，或林缘；常见。南方冬季的蜜源植物；叶及根皮入药，可用于治疗流感、跌打损伤等。

星毛鸭脚木

Schefflera minutistellata Merr. ex H. L. Li

　　灌木或小乔木，植株高2~6 m。当年生的小枝粗壮，密生黄棕色星状茸毛，不久毛即脱净。小叶片纸质，侧脉6~10对；小叶柄长短极不相等。圆锥花序顶生，被灰褐色星状茸毛；花瓣三角形至三角状卵形。果球形，具棱，有毛或几乎无毛，顶部有宿存萼齿。花期9月，果期10月。

　　生于山坡、沟谷密林下；少见。 茎、根或根皮入药，具有发散风寒、活血止痛的功效，可用于治疗风寒感冒、风湿痹痛、脘腹胀痛、跌打肿痛、骨折、劳伤疼痛。

伞形科 **Apiaceae**

本科有250～440属3300～3700种，广泛分布于温带、亚热带或热带高山地区。我国有100属614种；广西有28属58种；姑婆山有8属13种1亚种1变种，其中1种为栽培种。

分属检索表

1. 花为复伞形花序。
  2. 子房和果实有钩刺、倒刺的刚毛、皮刺或小瘤。
    3. 叶通常掌状或三出式3分裂；花绿色、黄色至紫蓝色……………………………**变豆菜属** *Sanicula*
    3. 叶通常为羽状复叶；花白色………………………………………………………**窃衣属** *Torilis*
  2. 子房和果通常无毛，稀有柔毛或粗毛。
    4. 花序的总苞片和小苞片全缺………………………………………**细叶旱芹属** *Cyclospermum*
    4. 花序的总苞片和小苞片均存，或两者只存其一。
      5. 子房和果的横剖面背腹扁压；果棱全部翅状，或背棱、中棱突起，侧棱翅状……………
      …………………………………………………………………………**前胡属** *Peucedanum*
      5. 子房与果的横剖面近圆形或两侧略压扁；果棱线形或钝，无翅。
        6. 叶一回三出分裂、三出复叶或为单叶；果狭长圆形，稍侧扁…**鸭儿芹属** *Cryptotaenia*
        6. 叶一回至二回三出式羽状分裂；果球状卵形或椭圆形………………**水芹属** *Oenanthe*
1. 花为单伞形花序。
  7. 多数小花密集成头状；果表面不呈网纹状……………………………**天胡荽属** *Hydrocotyle*
  7. 花3～4朵集成花序；果表面呈网纹状………………………………………**积雪草属** *Centella*

积雪草属 *Centella* L.

本属约有20种，分布于热带、亚热带地区。我国有1种；姑婆山亦有。

积雪草

Centella asiatica（L.）Urban

多年生草本。茎匍匐，细长，节上生不定根及有2片鳞片状叶。叶片圆形、肾形或马蹄形，直径1～5.5 cm，基部心形，边缘具波状钝齿，两面无毛或背面疏被柔毛，掌状网脉5～7条；叶柄长1.5～2.8 cm，基部鞘状。伞形花序单生或2～3个腋生；花序梗长0.2～1.5 cm；苞片常2枚，稀为3枚。双悬果扁球形，具纵棱，棱间具隆起的网脉。花果期4～12月。

生于林缘草地、田间；常见。全草入药，具有清热解毒、活血祛瘀、利尿消肿、凉血生津的功效。

伞形科 Apiaceae

鸭儿芹属 *Cryptotaenia* DC.

本属有5～6种，分布于欧洲、非洲、北美洲及亚洲东部。我国有1种；姑婆山亦有。

鸭儿芹 鸭脚板、鸭脚菜
Cryptotaenia japonica Hassk.

多年生草本。根细长，成簇。叶通常为三出小叶，基生叶和茎下部叶具柄；小叶片近膜质，顶生小叶菱状宽卵形或卵形，侧生小叶斜卵形，与顶生小叶近等大，两面脉突起。复伞形花序呈圆锥状；小伞形花序有花2～4朵；花梗极不等长；萼齿细小；花瓣白色。果线状长圆形，具棱，每棱槽内有油管1～3条，合生面有4条。花期5～6月，果期7～8月。

生于山坡、山谷灌草丛中或水沟边；常见。 全草入药，可用于治疗感冒风寒、痢疾、便秘、跌打损伤、毒蛇咬伤等。

细叶旱芹属 *Cyclospermum* Lag.

本属有3种，分布于美洲热带和温带地区。我国广泛归化1种；姑婆山亦有。

细叶旱芹

Cyclospermum leptophyllum（Pers.）Sprague ex Britton et P. Wilson

　　一年生草本，植株高25～45 cm。茎多分枝，光滑。基生叶有柄，柄基部边缘略扩大成膜质叶鞘，叶片三回至四回羽状分裂，裂片线形至丝状；茎生叶通常三出式羽状分裂。复伞形花序顶生或腋生，小伞形花序有花5～23朵；花瓣白色、绿白色或略带粉红色，先端内折，有中脉1条；花柱极短。果圆心脏形或圆卵形；分生果的棱5条，圆钝。花期5月，果期6～7月。

　　生于沟谷或林缘草丛；常见。 果、叶、茎入药，可用于治疗胃肠胀气、创伤、肾炎、风湿等。

伞形科 Apiaceae

天胡荽属 *Hydrocotyle* L.

本属约有75种，广泛分布于热带至温带地区。我国有14种；广西有4种；姑婆山有3种1变种，其中1种为栽培种。

分种检索表

1. 花序梗数个簇生于枝顶端叶腋，密被柔毛·······························红马蹄草 *H. nepalensis*
1. 花序梗单生于茎、枝各节或枝顶端，常与叶柄对生，无毛或被毛。
  2. 叶片长0.5～1.5 cm，宽0.8～2.5 cm，不分裂或5～7浅裂·······························
  ······························满天星 *H. sibthorpioides*
  2. 叶片较小，3～5深裂几乎达基部，侧面裂片间有一侧或两侧仅裂达基部1/3处，裂片均呈楔形
  ······························破铜钱 *H. sibthorpioides* var. *batrachium*

红马蹄草 水钱草、大雷公根、大马蹄草

Hydrocotyle nepalensis Hook.

多年生草本。茎匍匐，有斜上分枝，节上生不定根。叶片圆形或肾形，长2～5 cm，宽3.5～9 cm，5～7浅裂。伞形花序数个簇生于茎顶叶腋；小伞形花序有花20～60朵，密集成球形；花白色或乳白色，有时有紫红色斑点。果基部心形，两侧扁压状，熟时褐色或紫黑色。花果期5～11月。

生于山坡疏林下；常见。全草入药，具有活血止血、化瘀、清热、清肺止咳的功效，可用于治疗跌打损伤、感冒、咳嗽痰血。

满天星 天胡荽

Hydrocotyle sibthorpioides Lam.

多年生草本。茎匍匐，平铺地上成片，节上生不定根。叶片圆形或圆肾形，直径0.8～2.5 cm，基部心形，不分裂或5～7浅裂，边缘有钝齿。伞形花序与叶对生，单生于节上，有花5～18朵；花绿白色。果略呈心形，两侧扁压状，熟时有紫色斑点。花果期4～9月。

生于沟边路旁；常见。 全草入药，具有清热利尿、散瘀消肿的功效，可用于治疗黄疸肝炎、感冒发热、尿路结石、疖肿、结膜炎。

伞形科 Apiaceae

破铜钱 铜钱草、雨点草

Hydrocotyle sibthorpioides var. *batrachium*（Hance）Hand.-Mazz. ex R. H. Shan

多年生草本。茎匍匐，平铺地上成片，节上生不定根。叶片圆形或肾圆形，较原变种小，3～5深裂几乎达基部，侧面裂片间有一侧或两侧仅裂达基部1/3处，裂片均呈楔形。伞形花序与叶对生，单生于节上，有花5～18朵；花绿白色。果略呈心形，两侧扁压状，熟时有紫色斑点。花果期4～9月。

生于山坡疏林下或林缘草丛；常见。 全草入药，具有清热利尿、散瘀消肿的功效，可用于治疗黄疸肝炎、感冒发热、尿路结石、疖肿、结膜炎。

水芹属 *Oenanthe* L.

本属约有30种，分布于非洲、亚洲、欧洲和北美洲。我国有5种；广西有3种1亚种；姑婆山有1种1亚种。

分种检索表

1. 植株较粗壮；叶裂片较大，长4～5 cm，菱状卵形，边缘有楔状齿····································
···**卵叶水芹** O. *javanica* subsp. *rosthornii*
1. 植株不粗壮；叶裂片较小，长2.5～4 cm，倒披针形，边缘有尖锐齿····································
···**水芹** O. *javanica*

水芹 水芹菜、野芹菜
Oenanthe javanica （Blume） DC.

多年生草本，植株高15～80 cm。茎直立或基部匍匐。叶一回至二回羽状分裂，末回裂片卵形至菱状披针形。复伞形花序顶生；无总苞；花瓣倒卵形，白色，先端内折。果椭圆形或长圆形，侧棱较背棱和中棱隆起，木栓质。花期3～4月，果期5～6月。

生于沟谷或林缘阴湿处；常见。 全草入药，具有清热解毒、止血、降血压的功效，可用于治疗头目眩晕、肾虚、浮肿等。

伞形科 Apiaceae

卵叶水芹

Oenanthe javanica subsp. *rosthornii*（Diels）F. T. Pu

多年生草本，植株高50～70 cm。茎粗壮，下部匍匐，上部直立。叶为二回三出式羽状复叶；叶片末回裂片菱状卵形或椭圆形，边缘有楔形齿和近于突尖。复伞形花序顶生和侧生，花序梗长16～20 cm，无总苞；花瓣白色。果椭圆形或长圆形。花期8～9月，果期10～11月。

生于沟边疏林下；常见。 全草入药，具有补气益血、止血、利尿的功效，可用于治疗气虚血亏、头晕目眩、水肿、外伤出血等。

前胡属 *Peucedanum* L.

本属有100～200种，广泛分布于全球。我国有40种；广西有7种；姑婆山有3种。

分种检索表

1. 小总苞片6～8枚；果较大···**南岭前胡** *P. longshengense*
1. 小总苞片8～12枚；果较小。
   2. 叶片末回裂片边缘具粗齿，齿端常呈尖锐状······················**台湾前胡** *P. formosanum*
   2. 叶片末回裂片边缘具粗齿或圆齿···**前胡** *P. praeruptorum*

台湾前胡

Peucedanum formosanum Hayata

多年生草本，植株高0.5～2 m。茎圆柱形，髓部充实，上部分枝处和顶端枝有短茸毛。基生叶轮廓广三角形，纸质，两面无毛，三出分裂或三出二回羽状分裂，先端均呈尖刺状，边缘3～5浅裂或具粗齿；茎生叶具短柄或近无柄，叶形与基生叶相似，茎顶端叶退化，裂片狭小。复伞形花序；花序梗被短茸毛；花冠白色。果长圆状卵形或近圆形，密生短硬毛，侧棱扩展成狭翅。花期7～8月，果期9～10月。

生于山坡疏林下；少见。 根入药，具有解热、镇痛、镇咳、祛痰、通五脏、安胎的功效。

伞形科 Apiaceae

南岭前胡

Peucedanum longshengense R. H. Shan et M. L. Sheh

多年生草本，植株高0.5～1 m。茎圆柱形，髓部充实，无毛或上部有极短毛。基生叶具长柄，叶片厚纸质，轮廓为宽三角形，有呈3裂的，也有呈二回三出分裂的，先端裂片3裂，基部连合，常下延，最下面一对羽片具柄，其余无柄或近无柄，末回裂片为卵形或卵状菱形，背面无毛；茎生叶具短柄，形状与基生叶相似，但较小。复伞形花序；花序梗上部密被粗毛；萼齿不显著。果长圆形，侧棱呈翅状。花期7～8月，果期8～9月。

生于山坡路旁；常见。

变豆菜属 *Sanicula* L.

本属约有40种，主要分布于热带、亚热带地区。我国有17种；广西有4种；姑婆山有1种。

野鹅脚板　直刺山芹菜
Sanicula orthacantha S. Moore

多年生草本。根茎短而粗壮。基生叶圆心形或心状五角形；茎生叶略小于基生叶，掌状3全裂，有柄。花序通常2～3歧分枝；总苞片3～5枚；伞形花序3～8歧分枝；花瓣白色、淡蓝色或紫红色，倒卵形。果卵形，外面有直而短的皮刺，皮刺不呈钩状；分生果侧扁状，横剖面略呈圆形。花果期4～9月。

生于沟谷疏林下；常见。 全草入药，具有清热解毒的功效，可用于治疗麻疹、跌打损伤。

窃衣属 *Torilis* Adans.

本属约有20种，分布于欧洲、亚洲、南美洲、北美洲、非洲热带地区及新西兰。我国有2种；广西姑婆山2种均有。

分种检索表

1. 总苞片3～7，伞辐4～12 cm；果实卵圆形，长1.5～4 mm··················小窃衣 *T. japonica*
1. 通常无总苞片，伞辐2～4 cm；果实长圆形，长4～7 mm··················窃衣 *T. scabra*

小窃衣 破子草、窃衣
Torilis japonica（Houtt.）DC.

一年生草本，植株高20～100 cm。茎被贴伏白色倒向短硬毛。叶片轮廓卵形，二回至三回羽状全裂，末回小裂片线状披针形或长圆形，两面疏生短伏毛。复伞形花序，总苞片3～7枚，线形；小伞形花序具4～12朵花，小总苞片4～8枚，线形或钻形，与花近等长；花瓣白色或淡紫红色，先端内折。果卵形，密生具钩的皮刺。花果期5～7月。

生于路旁草地；常见。 果含精油，有些地区作为"鹤虱"入药，内服具有收敛的功效，亦有杀虫的功效，可用于治疗虫积腹痛。

窃衣

Torilis scabra（Thunb.）DC.

一年生草本。全株被平伏硬毛；茎上部分枝。叶片卵形，二回羽状分裂；裂片狭披针形至卵形，边缘有整齐缺刻或分裂。复伞形花序；总苞片通常无，很少有1枚钻形或线形的苞片；伞辐2～4 cm，长1～5 cm，粗壮，有纵棱及向上紧贴的粗毛；花瓣白色或淡紫红色。果长圆柱形。花果期4～11月。

生于路旁草地；常见。 果实、全草入药，具有杀虫止泻、收湿止痒的功效，可用于治疗虫积腹痛、泄痢、疮疡溃烂、阴痒带下、风湿疹。

桤叶树科 Clethraceae

本科有1属，即山柳属 *Clethra*，约有65种，分布于亚洲、非洲西北部和美洲。我国有7种；广西有4种；姑婆山有1种。

云南桤叶树

Clethra delavayi Franch.

落叶灌木或小乔木，植株高4～5 m。小枝栗褐色，腋芽圆锥形。叶片硬纸质，倒卵状长圆形或长椭圆形，稀倒卵形，边缘具锐尖齿，腹面深绿色，背面淡绿色。总状花序单生枝端；苞片线状披针形，早落；花梗细；花萼5深裂，萼裂片卵状披针形；花瓣5片，长圆状倒卵形；雄蕊10枚；子房密被锈色绢状长硬毛，顶端深3裂。蒴果近球形，下弯。种子黄褐色。花期7～8月，果期9～10月。

生于山坡灌木丛中；少见。 全株入药，具有祛风的功效。

杜鹃花科 Ericaceae

本科有125属4000多种，广泛分布于温带地区，主要分布于南非和中国西南部，少数可分布于北半球亚寒带地区和热带的高山地区。我国约有22属826种；广西有6属115种；姑婆山有2属17种2变种，其中1变种为栽培种。

分属检索表

1. 花通常较大型；蒴果，室间开裂·····················杜鹃花属 *Rhododendron*
1. 花通常小型；蒴果或浆果状蒴果，室背开裂·····················吊钟花属 *Enkianthus*

吊钟花属 *Enkianthus* Lour.

本属有12种，分布于日本、中国东部至西南部、越南北部、缅甸北部至东喜马拉雅地区。我国有7种；广西7种均有；姑婆山有1种。

齿缘吊钟花

Enkianthus serrulatus（E. H. Wilson）C. K. Schneid.

落叶灌木或小乔木。小枝光滑，无毛。叶密集生于枝顶；叶片先端短渐尖或渐尖，基部宽楔形或钝圆，边缘具细齿，不反卷，腹面无毛，或中脉有微柔毛，背面中脉下部被白色柔毛。伞形花序顶生，有花2～6朵，花下垂；花梗结果时直立；花萼绿色；花冠钟状，白绿色，口部5浅裂，裂片反卷。蒴果椭圆形，无毛，具棱，顶端有宿存花柱。花期4月，果期5～7月。

生于山坡疏林或路旁灌木丛中；常见。 优良的观花、观叶植物；根入药，具有祛风除湿、活血的功效。

杜鹃花属 *Rhododendron* L.

本属约有1000种，分布于亚洲、欧洲和北美洲，主产于亚洲东部和东南部。我国约有571种；广西有95种；姑婆山有16种2变种，其中1变种为栽培种。

分种检索表

1. 花序顶生。
  2. 常绿或半常绿；植物体有鳞片或鳞腺；花于叶后开放 ··················武鸣杜鹃 *R. wumingense*
  2. 常绿或落叶；植物体无鳞片或鳞腺；花先于叶或与叶同时开放。
    3. 新生枝叶出自花序下的侧生芽或无花的枝端；雄蕊10～20枚或更多，罕5枚。
      4. 叶片无毛或幼时背面被毛，后变无毛··················云锦杜鹃 *R. fortunei*
      4. 叶片背面密被绵毛、茸毛、毡毛或粉末状柔毛。
        5. 小枝和叶柄被刚毛或茸毛；叶片背面或沿中脉被刚毛或分枝状茸毛········
        ··················多毛杜鹃 *R. polytrichum*
        5. 小枝、叶柄和叶片背面无刚毛；叶片背面被淡薄层毛被··················
        ··················变色杜鹃 *R.simiarum* var. *versicolor*
    3. 新生枝叶与花序出自同一顶芽；雄蕊4～10枚。
      6. 叶轮状簇生于枝顶。
        7. 雄蕊8～10，花与叶同时开放或稍在叶前开放··················满山红 *R.mariesii*
        7. 雄蕊4～5枚。
          8. 花冠白色··················腺花杜鹃 *R.adenanthum*
          8. 花冠紫红色或粉红色。
            9. 花柱无毛··················岭南杜鹃 *R.mariae*
            9. 花柱有毛··················贵定杜鹃 *R.fuchsiifolium*
      6. 叶在幼枝上散生，落叶或多少宿存。
        10. 幼枝被开展的刚毛、长粗毛或腺毛··················溪畔杜鹃 *R.rivulare*
        10. 幼枝被扁而平贴的糙伏毛。
          11. 花冠较大，长3.5～4.5 cm，阔漏斗状，鲜红色，具深红色斑点········杜鹃 *R.simsii*
          11. 花冠较小，长1.8～3.5 cm，狭漏斗状或漏斗状，红色或紫红色，无彩色斑点········
          ··················临桂杜鹃 *R.linguiense*
1. 花序侧生；新生的枝叶出自枝端的叶腋或花序下的叶腋间。
  12. 雄蕊5枚；花萼裂片较大；花稀疏，每花序有花1～2朵；蒴果卵球形；种子无附属物。
    13. 果梗无腺毛··················头巾马银花 *R. mitriforme*
    13. 果梗被有梗腺毛··················腺刺杜鹃 *R. mitriforme* var. *setaceum*
  12. 雄蕊10枚；花萼裂片不明显或偶为线形；花较密，常数序聚生，每花序有花2～6朵；蒴果长圆柱形；种子两端具尾状附属物。
    14. 子房被有腺刚毛、粗毛或茸毛。
      15. 花梗和子房被具腺刚毛或粗毛。
        16. 叶片两面被刚毛；萼裂片线状披针形··················刺毛杜鹃 *R. championiae*

腺花杜鹃

Rhododendron adenanthum M. Y. He

灌木，植株高约1 m。枝灰褐色，当年生枝纤细。叶聚生于枝顶，二型，夏发叶较小；叶片纸质，腹面绿色，背面淡绿色，中脉在腹面稍凹陷，在背面突起，侧脉通常不明显。伞形花序顶生，有花5朵；萼裂片三角状卵形；花冠漏斗状钟形，白色，裂片5枚，椭圆形或长圆状椭圆形，具紫色斑点，筒部管形；雄蕊5枚，不等长，伸出花冠外，花丝中部以下被微柔毛；花柱短于雄蕊，中部以下被糙伏毛，子房卵形。花期4～5月，果期7～11月。

生于山坡疏林中或林缘；少见。可作景观绿化树种。

杜鹃花科 Ericaceae

多花杜鹃 羊角杜鹃

Rhododendron cavaleriei H. Lév.

灌木或小乔木，植株高2～7 m。枝灰白色，细长，无毛。叶聚生于枝顶；叶片革质，长圆状披针形或倒卵状披针形，中脉在腹面下凹，在背面突起。伞形花序假顶生，常数序聚生；花梗被白色细柔毛；花萼小；花冠狭漏斗状，白色或玫红色，裂片5枚，内面1枚有黄色斑块，长圆状倒卵形；雄蕊10枚；花柱无毛，子房长圆形，稍具6棱，密被白色茸毛。蒴果长圆柱形，具6棱，顶端具宿存花柱；果梗密生短茸毛。花期4～5月，果期10～11月。

生于山坡灌木丛中；常见。 可作景观绿化树种；枝、叶入药，具有清热解毒、止血通络的功效。

刺毛杜鹃 太平杜鹃、瘦石榴

Rhododendron championiae Hook.

灌木或小乔木，植株高1～7 m。小枝灰白色。叶片长圆状披针形或椭圆状披针形，坚纸质，中脉、侧脉在腹面下凹，在背面隆起，两面密被刚毛和柔毛；叶柄粗短，被具腺刚毛和柔毛。伞形花序生于枝顶的叶腋，常数个聚生；花梗密被具腺刚毛；花萼裂片5枚，边缘具腺毛；花冠白色或粉红色，狭漏斗形，裂片5枚，上方裂片里面具橙红色斑；雄蕊10枚，长短不一；花柱无毛，子房卵状长圆形，密被黄褐色粗毛。蒴果圆柱形，被具腺刚毛。花期4～5月，果期8～9月。

生于林缘路旁灌木丛中；常见。 可作景观绿化树种；根、茎、枝入药，具有祛风解表、活血止痛的功效。

杜鹃花科 Ericaceae

变色杜鹃

Rhododendron simiarum var. *versicolor*（Chun & Fang）M. Y. Fang

常绿灌木。幼枝树皮光滑。叶常密生于枝顶；叶片厚革质，长倒卵形，先端钝渐尖，基部微下延于叶柄，侧脉10～12对，两面均不明显；叶柄长1.5～2 cm，仅幼时被毛。顶生总状伞形花序，有5～9花；花梗长1.5～2.2 cm；花萼盘状，5裂；花冠漏斗形而狭窄，乳白色或粉红色，5裂，裂片先端圆形；雄蕊10～12枚，不等长，花丝基部微宽扁，有开展的柔毛；子房圆柱状，被淡黄色分枝的绒毛及腺体。蒴果长1.2～1.8 cm，被锈色毛，后变无毛。花期4月，果期7～9月。

生于山坡灌木丛或林缘；常见。 花艳丽，具有极高的观赏价值，可作景观绿化树种。

云锦杜鹃

Rhododendron fortunei Lindl.

灌木或小乔木，植株高4～12 m。树皮灰褐色至褐色，呈不规则片状剥落；幼枝无毛。叶片厚革质，椭圆状长圆形至长圆形，无毛，中脉在腹面稍凹下，在背面突起；叶柄粗壮，无毛。顶生伞形总状花序；花序轴有棱条，略有腺体；花梗密被腺体；花萼外面稍有腺体；花冠宽漏斗状钟形，白色，基部外面疏生短柄腺体，内面无毛，顶端有缺刻；雄蕊14枚，不等长；子房长圆状圆锥形，密被黄红色的短柄腺体。蒴果圆柱形，有平坦的肋纹和腺体残迹，熟时褐色。花期7～8月，果期11月。

生于山坡或山顶疏林；少见。 根、叶、花入药，具有清热解毒、消炎、生肌敛疮、杀虫的功效；花形优美，具有极高的观赏价值，可作景观绿化树种。

弯蒴杜鹃 罗浮杜鹃

Rhododendron henryi Hance

灌木至小乔木，植株高可达6 m。小枝细长，被稀疏刚毛。叶聚生于枝顶；叶片薄革质，椭圆状倒卵形至长椭圆形，先端短渐尖，基部楔形，中脉在腹面下陷，在背面隆起，侧脉与网脉在腹面平坦，在背面突起；叶柄被稀疏刚毛。伞形花序假顶生；花萼5深裂，裂片线状披针形；花冠淡紫红色或粉红色，漏斗状钟形，管部向上渐膨大，裂片5枚，长圆形；雄蕊10枚；子房长圆形。蒴果圆柱形，稍弯，常具6棱。花期3～4月，果期9～10月。

生于山坡疏林或林缘路旁；少见。 花形优美，具有极高的观赏价值，可作景观绿化树种。

溪畔杜鹃
Rhododendron rivulare Kingdon-Ward

常绿灌木。幼枝密被锈褐色短腺头毛，疏生扁平糙伏毛和刚毛状长毛。叶片卵状披针形或长圆状卵形，先端渐尖，具短尖头，基部近于圆形，边缘全缘，密被腺头睫毛，背面被短刚毛，尤以中脉上更明显，侧脉未达叶缘连结；叶柄长5～10 mm，密被锈褐色短腺头毛及扁平糙伏毛。伞形花序顶生，花多达10朵以上；花梗密被短腺头毛及扁平长糙伏毛；花冠漏斗形，紫红色；雄蕊5枚，不等长，伸出于花冠外。蒴果长卵球形，密被刚毛状长毛。花期4～6月，果期7～11月。

生于山坡疏林、灌木丛中；常见。花形优美，具有极高的观赏价值，可作景观绿化树种。

杜鹃花科 Ericaceae

临桂杜鹃

Rhododendron linguiense G. Z. Li

　　灌木，植株高约2.5 m。春季叶片革质，宽椭圆形至椭圆形，先端短尖，基部楔形，腹面密被铁锈色糙伏毛，背面疏生糙伏毛。花序具2～4朵花；花梗长5～7 mm，被棕色糙伏毛；花冠管状漏斗状，长1.8～2 cm，浅紫色，无斑点；雄蕊10枚，不等长，长1.2～1.5 cm，花丝无毛；花柱长约2.5 cm，无毛，子房密被棕色糙伏毛。蒴果圆柱形，密被棕色糙伏毛。花期4月，果期7月。

　　生于山坡路旁灌木丛中；少见。 花形优美，具有极高的观赏价值，可作景观绿化树种。

头巾马银花 头巾杜鹃
Rhododendron mitriforme P. C. Tam

　　灌木至小乔木，植株高2～7 m。树皮灰色；小枝灰白色。叶散生或聚生于枝顶；叶片革质，椭圆状长圆形或长圆形，中脉在腹面凹陷，在背面隆起；叶柄腹面具沟。花1～3朵生于枝顶；花梗无毛；花冠淡紫色至白色，近辐状或阔漏斗形，内面基部密被柔毛，裂片5枚，阔倒卵形，上方裂片内面具紫色斑点；雄蕊5枚，不等长；子房卵圆形，被粗短腺毛。蒴果卵圆形，熟时褐色，具残存腺体和宿存萼，常将蒴果包藏于内。花期4～5月，果期9～10月。

　　生于山坡疏林下或灌木丛中；常见。 花形优美，具有极高的观赏价值，可作景观绿化树种。

杜鹃花科 Ericaceae

武鸣杜鹃

Rhododendron wumingense W. P. Fang

　　灌木。枝细长，圆柱形；幼枝紫绿色，被鳞片，无毛或疏生刚毛。叶片厚革质，长圆状倒卵形或长圆状椭圆形，先端近圆形，稀锐尖，有短尖头，边缘疏生刚毛，干后微反卷，腹面无鳞片，背面被金黄色鳞片，侧脉10～12对；叶柄长4～6 mm，被淡黄色鳞片。花序顶生，通常2朵花伞形着生；花梗散生淡黄色鳞片；花萼淡黄紫色；花冠宽漏斗状，白色，外面疏生鳞片，无毛；雄蕊9～10枚，不等长；花柱全部被鳞片。蒴果长圆状圆锥形，密被褐色鳞片。花期4月。

　　生于山顶灌木丛中；常见。　花大，洁白美丽，具有较高的观赏价值，可作景观绿化树种。

鹿蹄草科 Pyrolaceae

本科有14属60余种，分布于北半球，多数种集中在温带至寒温带地区。我国有7属40种；广西有1属3种；姑婆山有1种。

鹿蹄草属 *Pyrola* L.

本属有30多种，为北温带典型属，但在中国分布至亚热带的山区。我国有26种；广西有3种；姑婆山有1种。

普通鹿蹄草　鹿衔草、鹿含草
Pyrola decorata Andres

半灌木状草本，植株高15～35 cm。根茎细长，横生，有分枝。叶3～6片，近基生；叶片薄革质，长圆形或倒卵状长圆形或匙形，有时为卵状长圆形，先端钝尖或圆钝尖，基部下延于叶柄，边缘有疏齿，腹面深绿色，沿叶脉呈淡白色或稍白色，背面色较淡，常带紫色。花葶有褐色鳞片状叶，狭披针形，先端长渐尖，基部稍抱花葶；总状花序有4～10朵花；花倾斜，花冠碗状。花期6～7月，果期7～8月。

生于山坡密林或灌木丛中；常见。全草入药，具有祛风除湿、强筋壮骨、活血调经、补虚益肾等功效。

乌饭树科 Vacciniaceae

乌饭树科 **Vacciniaceae**

本科有32属约1100种，分布于全世界，主产于亚洲热带和美洲热带山区，少数种产于北半球温带山地，极少数产于非洲南部。我国有2属120～130种；广西有2属24种；姑婆山有1属3种。

越橘属 *Vaccinium* L.

本属约有450种，分布于北半球亚热带、温带及美洲、亚洲的热带山区；在北温带，有几种环极广布，少数分布于非洲南部、马达加斯加，但不分布于非洲热带高山和热带低地，也不产于南温带地区。我国有92种；广西有22种；姑婆山有3种。

分种检索表

1. 花药背部有短距。
  2. 花冠钟状，口部张开；花药背部有2个短距；叶片边缘有疏浅齿或全缘···**短尾越橘** *V. carlesii*
  2. 花冠筒状坛形，口部缢缩或不缢缩，但不明显张开；花药背部有短距或近于无毛；叶片边缘通
    常有明显的齿·····························**黄背越橘** *V. iteophyllum*
1. 花药背部无距·································**南烛** *V. bracteatum*

短尾越橘 福建乌饭树
Vaccinium carlesii Dunn

灌木或乔木，植株高1～3（6）m。分枝多，枝条细。叶集生枝顶或散生于枝上；叶片革质，卵状披针形或长卵状披针形。总状花序腋生或顶生；花序轴纤细；苞片披针形，早落或不宿存，小苞片着生于花梗基部，披针形或线形；花梗短而纤细；萼齿三角形；花冠白色，宽钟状；雄蕊内藏短于花冠；子房无毛，花柱伸出花冠外。浆果球形，熟时紫黑色，常被白色粉霜。花期5～6月，果期8～10月。

生于山顶疏林或林缘；常见。 全株入药，具有清热解毒、固精驻颜、强筋益气、明目乌发、止血、止泻的功效。

黄背越橘

Vaccinium iteophyllum Hance

灌木或小乔木，植株高1～5 m。幼枝被淡褐色短柔毛；老枝灰褐色或深褐色，无毛。叶片革质，卵形、长卵状披针形至披针形；叶柄短，密被淡褐色短柔毛或微柔毛。总状花序生于枝条下部和顶部叶腋，花序轴、花梗、花萼密被淡褐色短柔毛或短茸毛；苞片披针形，小苞片小，线形或卵状披针形，早落；萼齿三角形；花冠白色，有时带淡红色，筒状，裂齿短小，三角形，直立或反折；花柱不伸出花冠外。浆果球形。花期4～5月，果期6月以后。

生于山顶、山坡疏林；常见。 全株入药，具有祛风除湿、利尿消肿、舒筋活络、消炎止痛的功效。

柿科 Ebenaceae

本科有3属500多种，主要分布于热带地区，尤其以亚洲东南部的种类为多，分布于亚洲温带地区和美洲北部种类极少。我国仅1属，即柿属*Diospyros*，约有70种；广西有22种；姑婆山有3种1变种，其中1种为栽培种。

分种检索表

1. 宿存萼近正方形···罗浮柿 *D. morrisiana*
1. 宿存萼非正方形。
 2. 小枝密被黄褐色柔毛；果较大，直径2～5 cm·····················野柿 *D. kaki* var. *silvestris*
 2. 小枝无毛；果较小，直径2～3.5 cm·······························延平柿 *D. tsangii*

野柿

Diospyros kaki var. *silvestris* Makino

灌木或乔木。小枝及叶柄常密被黄褐色柔毛。叶较栽培柿的小，背面的毛较多。花较小，雄花花冠长6～9 mm；萼裂片卵形。果较小，直径2～5 cm，有种子数粒。花期4～6月，果期8～10月。

生于山坡疏林中；常见。 果脱涩后可食用，亦有在树上自然软熟脱涩；未熟果可供提取柿漆；木材可作家具、箱盒、提琴的指板和弦轴等；树皮含有鞣质；柿蒂部入药，具有开窍辟恶、行气活血、祛痰、清热凉血、润肠的功效；实生苗可作栽培柿的砧木。

罗浮柿

Diospyros morrisiana Hance

乔木或小乔木。嫩枝疏被短柔毛，冬芽小。叶片薄革质，通常长椭圆形，干时叶腹面常呈灰褐色，背面棕褐色，侧脉每边4~6条。雄花序为聚伞花序，短小，腋生，具花4朵；雌花腋生，单生。果球形，熟时黄色；宿存萼近方形；果梗短；种子栗色。花期5~6月，果期11月。

生于山坡密林或灌木丛中；常见。 未成熟果可提取柿漆；茎皮、叶、果入药，具有解毒消炎的功效。

紫金牛科 Myrsinaceae

本科有42属约2200种，主要分布于热带、亚热带地区，非洲南部及新西兰也有。我国有5属约120种；广西有5属76种；姑婆山有4属17种。

分属检索表

1. 攀缘状灌木···酸藤子属 Embelia
1. 半灌木、灌木或小乔木。
  2. 子房上位；种子1粒，通常为球形。
    3. 花序通常无花序梗；花冠裂片覆瓦状排列·······················铁仔属 Myrsine
    3. 花序有长花序梗或着生于侧生特殊花枝顶端；花冠裂片螺旋状排列·······紫金牛属 Ardisia
  2. 子房半下位或下位；种子多数，有棱角·······················杜茎山属 Maesa

紫金牛属 *Ardisia* Sw.

本属有400～500种，分布于亚洲东部至东南部以及美洲、澳大利亚和太平洋群岛。我国约有65种；广西有43种；姑婆山有8种。

分种检索表

1. 植株较矮小；具匍匐生根的根茎、匍匐茎或块茎。
  2. 叶片边缘有齿。
    3. 叶片边缘有细齿，基部心形·······························心叶紫金牛 A. maclurei
    3. 叶片边缘具浅圆齿，齿间具边缘腺点，基部钝至圆形·············少年红 A. alyxiifolia
  2. 叶片边缘全缘。
    4. 叶和小枝均被微柔毛或长硬毛。
     5. 叶片边缘具腺点和长缘毛。
      6. 叶片两面密被卷曲的长柔毛；叶柄长0.2～0.4 cm·············莲座紫金牛 A. primulifolia
      6. 叶片两面密被锈色糙伏毛；叶柄长2～4 cm·················虎舌红 A. mamillata
     5. 叶片边缘无毛·······································九管血 A. brevicaulis
    4. 叶和小枝无毛···百两金 A. crispa
1. 植株常高于1 m，无蔓延状根茎或匍匐状茎。
  7. 小枝、花序轴和叶片腹面光滑或具锈色鳞片·····················郎伞树 A. hanceana
  7. 小枝和花序轴具稀疏的被微柔毛的乳头状腺点·················朱砂根 A. crenata

九管血 活血胎、短茎紫金牛
Ardisia brevicaulis Diels

　　矮小灌木。具匍匐生根的根茎。茎直立，高10～15 cm，除侧生特殊花枝外，无分枝。叶片坚纸质，狭卵形至近长圆形，边缘全缘，具不明显的边缘腺点。伞形花序着生于侧生特殊花枝顶端，花粉红色，具腺点。果球形，熟时鲜红色，具腺点。花期6～7月，果期10～12月。

　　生于山坡密林下；常见。　根、全株入药，具有祛风清热、散瘀消肿的功效，可用于治疗咽喉肿痛、风火牙痛、风湿筋骨痛、腰痛、跌打损伤、无名肿毒等；根有"当归"的类似功效，又因鲜根横裂时有血红色液汁渗出，有"血党"之称。

紫金牛科 Myrsinaceae

朱砂根　圆齿紫金牛

Ardisia crenata Sims

灌木，植株高1～2 m。除花枝外不分枝。叶片革质，椭圆形至倒披针形，边缘皱波状，具腺点。伞形花序着生于侧生花枝顶端，花枝近顶端常具2～3片叶；花白色，花开时反卷；雌蕊与花瓣近等长或比花瓣略长。浆果球形，熟时鲜红色，具腺点。花期5～6月，果期10～12月。

生于山坡密林中或林缘；常见。 为民间常用的中草药，具有祛风除湿、散瘀止痛、通经活络的功效，常用于治疗跌打损伤、风湿、消化不良、咽喉炎、月经不调；为极好的观果植物，可用于园林绿化。

百两金 大罗伞、高脚凉伞

Ardisia crispa （Thunb.）A. DC.

灌木，植株高60～100 cm。根茎匍匐生不定根，茎直立，除侧生特殊花枝外，无分枝，花枝多；幼嫩部分常被细微柔毛或疏细鳞片。叶片膜质或近坚纸质，椭圆状披针形或狭长披针形，边缘全缘或略呈波状。亚伞形花序，花序梗长5～10 cm；花白色或带粉红色，内面多少被细微柔毛，具腺点。花期5～6月，果期10～12月。

生于山坡密林或竹林中；常见。 根、叶均供药用，是民间常用的中草药，具有清热利咽、舒筋活血等功效，可用于治疗咽喉炎、扁桃腺炎、肾炎水肿、跌打风湿、白浊、骨结核、痨伤咳血、痈疔、蛇咬伤等。

紫金牛科 Myrsinaceae

郎伞树 大罗伞树、郎伞木、雀儿肾

Ardisia hanceana Mez

　　灌木，植株高1～2 m，稀达6 m。茎粗壮，无毛，除侧生特殊花枝外，无分枝。叶片坚纸质，椭圆形至倒披针形，边缘近全缘或具反卷的疏突尖齿，齿尖具边缘腺点，两面无毛。复伞房状伞形花序着生于顶端侧生特殊花枝末端；花白色或带紫色。花期5～6月，果期11～12月。

　　生于山坡密林中以及溪边；常见。 根入药，可用于治疗跌打损伤、风湿痹痛、闭经等；叶入药，可用于拔疮毒。

郎伞树 大罗伞树、郎伞木、雀儿肾

Ardisia hanceana Mez

紫金牛科 Myrsinaceae

心叶紫金牛

Ardisia maclurei Merr.

　　半灌木状草木。具匍匐茎，直立茎高4～15 cm，幼时密被锈色长柔毛。叶互生，稀近轮生；叶片长椭圆形或椭圆状倒卵形，基部心形，两面均被疏柔毛。亚伞形花序近顶生，被锈色长柔毛；萼片披针形；花淡紫色或红色。浆果球形，熟时暗红色。花期5～6月，果期12月至翌年1月。

　　生于沟谷密林中或林缘；常见。　全株入药，具有止血、清热解毒的功效，可用于治疗吐血、便血、疮疖等。

紫金牛科 Myrsinaceae

虎舌红 红毛毡、老虎脷

Ardisia mamillata Hance

　　矮小灌木。具匍匐的木质根状茎。叶互生或簇生于茎顶端；叶片倒卵形至长圆状倒披针形，两面绿色或暗紫红色，被直立的锈色毛或有时为紫红色糙伏毛，毛基部隆起如小瘤，如老虎的舌头，故有"虎舌红""老虎脷"之称。花期6～7月，果期11月至翌年1月。

　　生于山坡、沟谷疏林中；少见。 全株、根入药，具有清热利湿、活血化瘀的功效，可用于治疗痢疾、肝炎、胆囊炎、风湿痛、跌打劳伤、咳血、吐血、痛经、血崩、小儿疳积、疮疖痈肿等。

莲座紫金牛 猫耳朵、落地紫金牛

Ardisia primulifolia Gardner et Champ.

矮小灌木或近草本。茎短或几乎无。叶互生或基生呈莲座状；叶片坚纸质或近膜质，椭圆形或长圆状倒卵形，具边缘腺点，两面有时紫红色，背面中脉隆起。聚伞花序或亚伞形花序，单一；花萼仅基部连合，萼片长圆状披针形，具腺点和缘毛；花瓣粉红色，广卵形，具腺点；雄蕊和雌蕊较花瓣略短；子房球形。浆果球形略肉质，熟时鲜红色，具疏腺点。花期6～7月，果期11～12月，有时延至翌年4～5月。

生于山坡密林中阴湿处；常见。 全草入药，具有补血、止咳、通络的功效，可用于治疗劳伤咳嗽、风湿痛、跌打损伤、疮疖、毛虫刺伤等。

酸藤子属 *Embelia* Burm. f.

本属约有140种，分布于太平洋诸岛、亚洲南部及非洲等的热带、亚热带地区，少数种类分布于大洋洲。我国有14种；广西有10种；姑婆山有5种。

分种检索表

1. 总状花序或圆锥花序；叶非2列。
 2. 圆锥花序顶生，长5～15 cm·····················白花酸藤子 *E. ribes*
 2. 总状花序腋生，长4 cm以下。
  3. 叶片边缘具齿；细脉网状·····················网脉酸藤子 *E. vestita*
  3. 叶片边缘全缘或上半部具不明显的疏齿。
   4. 叶片边缘全缘或上半部具不明显的疏齿，侧脉明显7～9对；总状花序长1～4 cm···········
   ·····················瘤皮孔酸藤子 *E. scandens*
   4. 叶片边缘全缘，侧脉不明显；总状花序长3～8 mm·····················酸藤子 *E. laeta*
1. 伞形花序或聚伞花序；叶2列·····················当归藤 *E. parviflora*

酸藤子

Embelia laeta（L.）Mez

攀缘状灌木或藤本。小枝具皮孔。叶片纸质，倒卵形或长圆状倒卵形，基部楔形，背面常被白色粉霜，干后腹面常呈暗蓝黑色。总状花序着生于翌年无叶枝上，侧生或腋生；花白色或带黄色。果球形，腺点不明显。花期1～7月，果期5～10月。

生于山坡草丛或灌木丛中；常见。 为我国南方民间常用的中草药，根、叶具有散瘀止痛、收敛止泻、消炎等功效，可用于治疗跌打肿痛、肠类腹泻、咽喉炎、痛经、闭经等；果可食，具有强壮补血的功效；叶煎水用作外科洗药；嫩枝叶可生食，味酸；根、叶还可作兽药，用于治疗牛伤食腹胀、热病口渴等。

当归藤 褐毛酸藤子

Embelia parviflora Wall. ex A. DC.

攀缘状灌木或藤本。小枝通常2列，密被锈色长柔毛，略具腺点或星状毛。叶片小，呈2列排于枝条上；叶片广卵形或卵形，基部平截或心形。亚伞形花序或聚伞花序，腋生，开花时花序垂于叶下；花被片5枚白色或粉红色。浆果球形，暗红色，花期12月至翌年5月，果期翌年5～7月。

生于沟谷密林或灌木丛中及土质肥润的地方；常见。 根及老藤供药用，具有活血散瘀的功效，对妇科杂症具有较好的疗效，对不孕症也有一定的疗效，通常与其他药物配伍用于治疗月经不调、白带异常、不孕、萎黄症等，亦用于治疗腰腿酸痛、骨折。

紫金牛科 Myrsinaceae

网脉酸藤子

Embelia vestita Roxb.

攀缘状灌木。分枝多；枝密布皮孔。叶片坚纸质，稀革质，长圆状卵形或卵形，稀宽披针形，中脉在腹面下凹，背面隆起。总状花序，具花5朵腋生；小苞片钻形；花萼基部连合，萼片卵形；花瓣分离，淡绿色或白色，卵形、长圆形或椭圆形；雄蕊在雌花中退化，在雄花中与花瓣等长或较长；雌蕊在雌花中与花瓣等长，子房瓶形或球形。浆果球形，熟时蓝黑色或带红色，具腺点，宿存萼紧贴果。花期10～12月，果期翌年4～7月。

生于山坡灌木丛或疏林中；少见。 果实入药，具有强壮、补血的功效；根、枝条入药，具有清热解毒、滋阴补肾的功效，可用于治疗闭经、月经不调、风湿痛。

瘤皮孔酸藤子 假刺藤
Embelia scandens（Lour.）Mez

攀缘状灌木。小枝密布瘤状皮孔。叶片长椭圆形或椭圆形，边缘全缘或上半部具不明显的疏齿，腹面中脉下凹，背面中脉、侧脉隆起，边缘及先端具密腺点。总状花序腋生，长1～4 cm；花瓣白色或淡绿色，具明显的腺点。浆果球形，熟时红色，花柱宿存，宿存萼反卷。花期11月至翌年1月，果期翌年3～5月。

生于山坡、沟谷疏林或灌木丛中；常见。 根、叶入药，具有舒筋活络、敛肺止咳的功效；有小毒。

紫金牛科 Myrsinaceae

杜茎山属 *Maesa* Forssk.

本属约有200种，主要分布于东半球热带地区。我国有29种；广西有10种；姑婆山有2种。

分种检索表

1. 花序较短，长0.5～0.8 cm；果直径3 mm··························**短序杜茎山** *M. brevipaniculata*

1. 花序长1～4 cm；果较大，直径约6 mm·····························**杜茎山** *M. japonica*

短序杜茎山

Maesa brevipaniculata（C. Y. Wu et C. Chen）Pipoly et C. Chen

灌木，植株高0.5～3 m。小枝具纵棱。叶片披针形或卵状披针形，先端镰形或尾状渐尖，基部钝或近圆形，边缘波状至具微齿；叶柄具沟槽。花序圆锥状；花少，白色；花萼裂片宽卵形，先端急尖或钝；花冠钟状，长约为花萼裂片的3倍，与花冠管近等长，裂片宽卵形；雄蕊短于花冠裂片，花药宽卵形或肾形，雄花花药倍长于花丝；柱头扁平，稍分离。花期4～6月，果期10～12月。

生于山坡、沟边疏林中或林缘路旁；常见。

杜茎山 野胡椒

Maesa japonica（Thunb.）Moritzi ex Zoll.

灌木。茎有时外倾或攀缘状；小枝无毛，具细条纹。叶片椭圆形、披针状椭圆形、倒卵形或披针形，长5～15 cm，宽2～5 cm，两面无毛。总状或圆锥花序；花冠白色，长钟状。果球形，直径4～6 mm，肉质，具脉状腺纹；宿存萼包裹果顶端；花柱宿存。花期1～3月，果期10月至翌年5月。

生于林缘灌木丛或疏林中；常见。 果可食，味微甜；全株供药用，具有祛风寒、消肿的功效，可用于治疗腰痛、头痛、心燥烦渴、眼睛晕眩等；根与白糖煎服治皮肤风毒、崩带；茎、叶捣碎外敷治跌打损伤、止血。

紫金牛科 Myrsinaceae

<h1 style="text-align:center">铁仔属 Myrsine L.</h1>

本属约有150种，分布于从亚速尔群岛经非洲、马达加斯加、阿拉伯、阿富汗、印度至中国中部和南部。我国有11种；广西有8种；姑婆山有2种。

<h3 style="text-align:center">分种检索表</h3>

1. 小枝纤细，直径1.5～2.5 mm；叶片椭圆状披针形，先端渐尖或长渐尖…**光叶铁仔** M. stolonifera

1. 小枝较粗，直径3～7 mm；叶片长圆状倒披针形，先端急尖或钝……………**密花树** M. seguinii

密花树

Myrsine seguinii H. Lév.

大灌木或小乔木，植株高2～7 m。小枝具皱纹。叶片革质，长圆状倒披针形至倒披针形，腹面中脉下凹，背面中脉隆起。伞形花序或花簇生；苞片广卵形；花梗粗壮；花萼仅基部连合；花瓣白色或淡绿色，有时紫红色，花开时反卷，卵形或椭圆形，具腺点；雄蕊在雌花中退化，在雄花中着生于花冠中部；子房卵形或椭圆形。浆果球形或近卵形，幼时灰绿色，熟时紫黑色。花期4～5月，果期10～12月。

生于沟谷、山坡疏林或灌木丛中；少见。 根可供药用，煎水内服，可用于治疗膀胱结石；叶可止血。

安息香科 Styracaceae

本科有11属180多种，主要分布于亚洲东南部至马来西亚和美洲东南部（从墨西哥至南美洲热带地区），只有少数分布于地中海沿岸。我国有10属54种；广西有8属29种；姑婆山有5属10种。

分属检索表

1. 果实与宿存萼分离或仅基部稍合生；子房上位。
  2. 花丝仅基部连合，近等长；种子1~2粒，无翅……………………………………**安息香属** *Styrax*
  2. 花丝下部连合成管，5长5短；种子多数，两端具翅…………………………**赤杨叶属** *Alniphyllum*
1. 果的一部分或大部分与宿存萼合生；子房下位。
  3. 常绿或落叶乔木或灌木，冬芽裸露，先出叶后开花…………………………**白辛树属** *Pterostyrax*
  3. 落叶乔木，冬芽有鳞片围绕，先开花后出叶。
    4. 花单生或双生；宿存萼包围果约2/3并与其合生；花丝等长…………**陀螺果属** *Melliodendron*
    4. 圆锥花序或总状花序；宿存萼几乎与果全部合生；花丝5长5短………**木瓜红属** *Rehderodendron*

赤杨叶属 *Alniphyllum* Matsum.

本属有3种，分布于中国南部，越南和印度亦产。我国有3种；广西有2种；姑婆山有1种。

赤杨叶 小果拟赤杨、水冬瓜
Alniphyllum fortunei（Hemsl.）Makino

乔木，植株高15~20 m。树干通直，树皮灰褐色，有不规则的细纵皱纹，不开裂。叶片膜质或纸质，椭圆形、宽椭圆形或倒卵状椭圆形，背面褐色或灰白色，有时具白色粉霜。总状花序或圆锥花序，顶生或腋生；花萼杯状，顶端有5枚齿；花冠裂片长椭圆形；雄蕊10枚，其中5枚较花冠稍长；花柱较雄蕊长。蒴果长圆形或长椭圆形，外果皮干时黑色，常脱落，熟时5瓣开裂。种子多数，顶端有不等大的膜质翅。花期4~7月，果期8~10月。

生于山坡密林中或林缘路旁；常见。 根、心材入药，具有理气和胃、祛风除湿、利水消肿的功效；枝、叶入药，外用于治疗水肿。

陀螺果属 *Melliodendron* Hand.-Mazz.

本属有1种，分布于中国长江流域以南。姑婆山亦有。

陀螺果 水冬瓜
Melliodendron xylocarpum Hand.-Mazz.

　　落叶乔木，植株高6～20 m。树皮灰褐色，有不规则条状裂纹；小枝红褐色；冬芽卵形，包裹冬芽的鳞片卵形或宽卵形。叶片纸质，卵状披针形、椭圆形或长椭圆形；侧脉每边7～9条。花白色；花冠裂片长圆形。果倒卵形、倒圆锥形或倒卵状梨形，具5～10棱。花期4～5月，果期7～10月。

　　生于山坡密林中或林缘路旁；常见。　根、叶入药，具有清热、杀虫的功效；枝叶入药，具有滑肠的功效，可用于治疗便秘、小儿秃疮；树形美丽，可作庭园绿化树种。

安息香科 Styracaceae

白辛树属 *Pterostyrax* Sieb. et Zucc.

本属有4种，分布于中国、日本和缅甸。我国有2种；广西有1种；姑婆山亦有。

白辛树 裂叶白辛树
Pterostyrax psilophyllus Diels ex Perkins

乔木，植株高达15 m。树皮灰褐色，呈不规则开裂。叶片硬纸质，长椭圆形、倒卵形或倒卵状长圆形。圆锥花序顶生或腋生，第二次分枝几乎成穗状；花萼钟状；花瓣长椭圆形或椭圆状匙形；雄蕊10枚，近等长，伸出；子房密被白色粗毛，柱头稍3裂。核果近纺锤形，边具喙，具5～10棱。花期4～5月，果期8～10月。

生于山坡密林或林缘路旁；常见。 广西重点保护野生植物；具有萌芽性强和生长迅速的特点，可作为低洼地造林或护堤树种。

木瓜红属 *Rehderodendron* Hu

本属有5种，分布于中国西南部、缅甸和越南。我国有5种；广西有3种；姑婆山有1种。

广东木瓜红

Rehderodendron kwangtungense Chun

乔木，植株高达15 m。小枝褐色或红褐色，有光泽；老枝灰褐色；冬芽红褐色。叶片纸质至革质，长圆状椭圆形或椭圆形，侧脉常紫红色。总状花序；花白色，先于叶开放；花萼钟状，具5棱；花冠裂片卵形；雄蕊与花冠等长或稍短；花柱比雄蕊长。核果形状、大小差异较大，长圆形、倒卵形或椭圆形，熟时褐色或灰褐色，具5～10棱，棱间平滑，顶端具脐状突起。种子长圆状线形，栗棕色。花期3～4月，果期7～9月。

生于山坡、山谷密林中；少见。

安息香科 Styracaceae

安息香属 *Styrax* L.

本属约有130种，主要分布于亚洲东部至马来西亚和北美洲的东南部经墨西哥至安第斯山，只有1种分布于欧洲地中海周围。我国有31种；广西有13种；姑婆山有6种。

分种检索表

1. 花冠裂片在花蕾时覆瓦状排列。
  2. 叶片背面密被星状茸毛 ···**越南安息香** *S. tonkinensis*
  2. 叶片背面无毛或疏被星状柔毛。
    3. 花梗与花朵等长或较长；种子外面无毛 ··························**野茉莉** *S. japonicus*
    3. 花梗较花朵短；种子外面被星状毛或鳞片状毛。
      4. 种子表面被星状毛 ·······························**皱果安息香** *S. rhytidocarpus*
      4. 种子表面被鳞片状毛 ·····················**芬芳安息香** *S. odoratissimus*
1. 花冠裂片在花蕾时镊合状排列。
  5. 花序多花，下部常2朵至多朵花簇生叶腋；叶片革质或近革质 ···············**赛山梅** *S. confusus*
  5. 花序花较少，有花3～5朵，下部常单花腋生；叶片纸质 ·····················**白花龙** *S. faberi*

赛山梅 白扣子

Styrax confusus Hemsl.

小乔木，植株高2～8 m。树皮灰褐色，平滑。叶片革质或近革质，椭圆形、长圆状椭圆形或倒卵状椭圆形。总状花序顶生；花萼杯状，顶端5裂，萼裂片三角形；花冠裂片披针形或长圆状披针形，边缘稍内褶或有时重叠覆盖，花蕾时镊合状排列或稍呈内向覆瓦状排列。核果近球形或倒卵形。花期4～6月，果期9～11月。

生于林缘路旁或疏林；常见。 根入药，可用于治疗胃脘痛；叶入药，可用于治疗外伤出血、风湿痹痛、跌打损伤；果入药，具有清热解毒、消痈散结的功效。

白花龙　白龙条
Styrax faberi Perkins

　　灌木，植株高1～2 m。嫩枝纤弱，具沟槽，扁圆形；老枝圆柱形，紫红色，直立或有时蜿蜒状。叶片纸质或膜质，有时侧枝最下两叶近对生而较大，宽椭圆形、椭圆形或倒卵形。总状花序，其下叶腋仅具单花，绝不为2朵聚生；花萼杯状，膜质，萼裂片5枚，三角形或钻形；花冠裂片膜质，披针形或长圆形，在花蕾时镊合状排列或呈稍内向覆瓦状排列；花柱较花冠长。核果倒卵形或近球形，果皮平滑。花期4～6月，果期8～10月。

　　生于林缘灌木丛中；少见。 全株入药，具有止泻、止痒的功效；根入药，可用于治疗胃脘痛；叶入药，有止血、生肌、消肿的功效；果入药，可用于治疗头昏发热；种子油可供工业用。

安息香科 Styracaceae

野茉莉 安息香
Styrax japonicus Sieb. et Zucc.

灌木或小乔木，植株高4～8 m。树皮暗褐色或灰褐色，平滑；嫩枝稍扁。叶互生；叶片纸质或近革质，椭圆形或长圆状椭圆形至卵状椭圆形。总状花序顶生，有时下部的花单生于叶腋；花梗纤细，开花时下垂；花白色；花萼膜质，漏斗状，萼齿短而不规则；花冠裂片卵形、倒卵形或椭圆形，花蕾时覆瓦状排列。果卵形。花期4～7月，果期9～11月。

生于山坡疏林或林缘；常见。 花入药，具有清热解毒的功效，可用于治疗咽喉痛、牙痛；叶、果、虫瘿入药，具有祛风除湿的功效。

芬芳安息香　白木、郁香安息香
Styrax odoratissimus Champ. ex Benth.

　　小乔木，植株高4～10 m。树皮灰褐色，不开裂；嫩枝稍扁，成长后圆柱形，紫红色或暗褐色。叶互生；叶片薄革质至纸质，卵形或卵状椭圆形。总状花序或圆锥花序，顶生或腋生；花萼杯状，膜质；花冠裂片椭圆形，花蕾时覆瓦状排列；雄蕊较花冠短。核果近球形，顶端骤缩而具弯喙。花期3～4月，果期6～9月。

　　生于山坡疏林中；少见。 叶入药，具有清热解毒、祛风除湿、理气止痛、润肺止咳的功效。

安息香科 Styracaceae

皱果安息香

Styrax rhytidocarpus W. Yang et X. L. Yu

　　落叶灌木或小乔木，植株高可达7 m。小枝棕色。叶互生；叶片椭圆形或长圆形，纸质。总状花序顶生；小苞片钻形；花萼杯状；花冠白色；裂片长圆状卵形，花蕾时覆瓦状排列；雄蕊10枚，等长；花丝弯曲；子房上位。核果卵球形圆锥状，肉质，具皱纹，表面被黄鳞片，顶端具喙，稍弯曲；宿存萼碗状，棕色，具深皱纹。花期4～5月，果期5～10月。

　　生于山坡疏林下；少见。

越南安息香 滇桂安息香、青山安息香

Styrax tonkinensis（Pierre）Craib ex Hartwich

乔木，植株高6～30 m。树冠圆锥形；树皮暗灰色或灰褐色，有不规则纵裂纹；枝稍扁，暗褐色。叶互生；叶片纸质或薄革质，椭圆形、椭圆状卵形或卵形。圆锥花序或总状花序；花白色；小苞片生于花梗中部或花萼上，钻形或线形；花萼杯状，顶端截形或5裂，萼裂片三角形；花冠裂片卵状披针形，花蕾时覆瓦状排列。果实近球形。花期4～6月，果熟期8～10月。

生于山坡疏林中或林缘；少见。 种子可榨油；木材含树脂，具有较多香脂酸，是医药上的贵重药物，并可用于制造高级香油；树脂入药，具有祛风除湿、行气开窍、镇静止咳的功效，可用于治疗哮喘、咳嗽、感冒、中暑、胃痛、产后血晕、遗精、中风昏厥等。

山矾科 **Symplocaceae**

本科有1属，即山矾属 *Symplocos*，约200种，广泛分布于亚洲、大洋洲和美洲的热带、亚热带地区，非洲不产。我国约有42种；广西有26种；姑婆山有9种。

山矾属 *Symplocos* Jacq.

分种检索表

1. 花排成圆锥花序；子房2室；落叶⋯⋯⋯⋯⋯⋯⋯⋯⋯⋯⋯⋯⋯⋯⋯白檀 *S. paniculata*
1. 花排成总状花序、穗状花序、团伞花序；子房通常3室；常绿。
　2. 核果坛形、长卵形、狭卵形、卵圆形；花排成总状花序，很少排成穗状花序。
　　3. 核果坛形⋯⋯⋯⋯⋯⋯⋯⋯⋯⋯⋯⋯⋯⋯⋯⋯⋯⋯⋯⋯⋯山矾 *S. sumuntia*
　　3. 核果非坛形。
　　　4. 核果狭卵形、圆柱形或卵形⋯⋯⋯⋯⋯⋯⋯⋯⋯海桐山矾 *S. heishanensis*
　　　4. 核果长圆状卵形或圆柱状狭卵形。
　　　　5. 叶片侧脉每边9～10条⋯⋯⋯⋯⋯⋯⋯⋯⋯⋯光亮山矾 *S. lucida*
　　　　5. 叶片侧脉每边不超过6条。
　　　　　6. 嫩枝、芽、花序、苞片及花萼均被红褐色而易碎成糠秕状的微柔毛⋯⋯⋯⋯
　　　　　　⋯⋯⋯⋯⋯⋯⋯⋯⋯⋯⋯⋯⋯⋯⋯⋯腺叶山矾 *S. adenophylla*
　　　　　6. 全株无毛⋯⋯⋯⋯⋯⋯⋯⋯⋯⋯⋯⋯⋯铁山矾 *S. pseudobarberina*
　2. 核果球形或圆柱形；花排成穗状花序或团伞花序，很少排成总状花序。
　　7. 叶片中脉在腹面凹下。
　　　8. 穗状花序⋯⋯⋯⋯⋯⋯⋯⋯⋯⋯⋯⋯⋯⋯黄牛奶树 *S. theophrastifolia*
　　　8. 团伞花序⋯⋯⋯⋯⋯⋯⋯⋯⋯⋯⋯⋯⋯⋯⋯腺柄山矾 *S. adenopus*
　　7. 叶片中脉在腹面平坦⋯⋯⋯⋯⋯⋯⋯⋯⋯⋯⋯⋯光叶山矾 *S. lancifolia*

腺叶山矾
Symplocos adenophylla Wall. ex G. Don

　　乔木。嫩枝深褐色，小枝黑色。叶片革质，干后榄绿色，狭椭圆形或倒披针状椭圆形，腹面有光泽，中脉在腹面凹下，侧脉与稀疏的网脉在近叶缘处网结。总状花序单生于叶腋；苞片和小苞片宿存，苞片半圆形，小苞片宽卵形，外面有中肋；萼裂片半圆形，稍长于萼筒；花冠白色，5深裂至近基部；雄蕊花丝基部稍连合；花盘环状。核果圆柱状狭卵形，基部稍偏斜，熟时紫黑色，顶端宿存萼裂片直立。花期2～5月，果期6～9月。

　　生于沟谷疏林中或林缘；少见。

山矾科 Symplocaceae

腺柄山矾

Symplocos adenopus Hance

灌木或小乔木。芽、嫩枝、嫩叶背面、叶脉、叶柄均被褐色柔毛。叶片椭圆状卵形或卵形，先端急尖或急渐尖，基部圆或阔楔形，边缘及叶柄两侧有大小相间半透明的腺锯齿；中脉及侧脉在叶面明显凹下，侧脉离叶缘3～5 mm处向上弯拱环结，网脉稀疏而明显。团伞花序腋生；花冠白色，5深裂几达基部；苞片近圆形，边缘有大而透明的腺体；小苞片椭圆形，边缘有较小而透明的腺体；花萼5裂。核果圆柱形，顶端宿存萼裂片直立。花期11～12月，果期翌年7～8月。

生于路旁、山谷或疏林中；少见。 种子油可供工业用。

光叶山矾

Symplocos lancifolia Sieb. et Zucc.

　　小乔木。芽、嫩枝、嫩叶背面脉上、花序均被黄褐色柔毛；小枝细长，黑褐色。叶片纸质或近膜质，干后有时呈红褐色，卵形至阔披针形。穗状花序；苞片椭圆状卵形；小苞片三角状阔卵形；花萼5裂；花冠淡黄色，5深裂几乎达基部；雄蕊约25枚，花丝基部稍合生，子房3室，花盘无毛。核果近球形，顶端宿存萼裂片直立。花期3～11月，果期6～12月。

　　生于山坡密林中；少见。　全株入药，具有和肝健脾、止血生肌的功效，可用于治疗外伤出血、吐血、咯血、疳积、眼黏膜炎；根入药，可用于治疗跌打损伤。

山矾科 Symplocaceae

光亮山矾

Symplocos lucida （Thunb.） Sieb. et Zucc.

乔木。小枝无毛，黄褐色。叶片纸质，长圆形或长圆状椭圆形，先端短渐尖，基部楔形，边缘具齿或近全缘，两面均无毛，中脉、侧脉、网脉在腹面均突起，侧脉每边9～10条。总状花序腋生；花萼无毛，萼裂片圆形，绿色，稍长于萼筒；花冠白色。花期3～12月，果期5～12月。

生于山坡密林中；少见。 根、茎、叶入药，具有利水消肿、止咳平喘的功效，可用于治疗水肿、咳嗽、喘逆、水湿胀满等。

白檀

Symplocos paniculata（Thunb.）Miq.

　　落叶灌木或小乔木。嫩枝有灰白色柔毛，老枝无毛。叶互生；叶片膜质或薄纸质，阔倒卵形、椭圆状倒卵形或卵形。圆锥花序长5～8 cm，通常有柔毛；苞片通常条形，有褐色腺点；花冠白色，长4～5 mm，5深裂几乎达基部；雄蕊40～60枚；子房2室，花盘具5个突起的腺点。核果熟时蓝色，卵状球形，稍扁斜。花期4～6月，果期9～11月。

　　生于山坡路旁或林缘灌木丛；少见。 根入药，具有散风解毒、消肿止痛、祛瘀止血的功效；全草入药，具有消炎、软坚、调气的功效；树皮入药，可用于治疗眼炎。

马钱科 **Loganiaceae**

本科有29属500多种，分布于热带、亚热带地区，少数分布于温带地区。我国有8属约45种；广西有7属29种；姑婆山有2属3种。

分属检索表

1. 灌木或小乔木···醉鱼草属 *Buddleja*
1. 木质藤本···钩吻属 *Gelsemium*

醉鱼草属 *Buddleja* L.

本属约有100种，分布于美洲、亚洲南部的热带、亚热带地区。我国有20种；广西有8种；姑婆山有2种。

分种检索表

1. 花紫色；叶片卵形···醉鱼草 *B. lindleyana*
1. 花白色；叶片披针形···白背枫 *B. asiatica*

白背枫　驳骨丹、狭叶醉鱼草
Buddleja asiatica Lour.

小乔木或灌木，植株高1~8 m。小枝、叶片背面、叶柄及花序密被灰色或淡黄色星状短茸毛。叶片披针形或长披针形，先端渐尖或长渐尖，边缘全缘或有小齿，腹面干后黑褐色，通常无毛，稀有星状短柔毛，背面干后灰黄色。多个聚伞花序组成总状花序，单生或3个至数个聚生枝顶及上部叶腋组成圆锥状花序；花白色。蒴果椭圆状，长3~5 mm。花期1~10月，果期3~12月。

生于山坡灌木丛或疏林中；常见。 根、叶入药，具有祛风化湿、行气活络的功效；花具芳香，可提取芳香油。

醉鱼草

Buddleja lindleyana Fortune

灌木，植株高1～2 m。茎直立，嫩枝被棕黄色星状毛及鳞片。叶片卵形至椭圆状披针形，先端渐尖至尾状，边缘全缘，干时腹面暗绿色，无毛，背面密被棕黄色星状毛。总状聚伞花序顶生，疏被星状毛及金黄色腺点；花紫色，花冠筒弯曲。蒴果长圆柱形，外被鳞片。花期4～10月，果期8月至翌年4月。

生于山坡灌木丛中；常见。 全株有小毒，捣碎投入河中能使活鱼麻醉，故有"醉鱼草"之称；花、叶和根入药，具有祛风除湿、止咳化痰、散瘀的功效；兽医用枝叶治牛泻泄；全株可用作农药，专杀小麦吸浆虫、螟虫及灭孑孓等；花具芳香而美丽，为公园常见的优良观赏植物。

马钱科 Loganiaceae

钩吻属 *Gelsemium* Juss.

本属有3种，分布于美洲和亚洲。我国有1种；姑婆山亦有。

钩吻

Gelsemium elegans （Gardner et Champ.） Benth.

常绿木质藤本。无毛，小枝圆柱形，幼时具纵棱。单叶对生；叶片膜质，卵形至卵状披针形。聚伞花序，花密集；花冠黄色，漏斗状，内有淡红色斑点。蒴果卵状椭圆形，未开裂时明显地具有2条纵槽，熟时黑色。种子扁压状椭圆形或肾形。花期5～11月，果期7月至翌年2月。

生于山坡林缘或路旁；少见。 根、叶及全草入药，具有攻毒拔毒、散瘀止痛、杀虫止痒的功效，外用治皮肤湿疹、体癣、脚癣、跌打损伤、骨折、痔疮、疔疮、麻风，还可灭杀蛆虫、孑孓；全株含钩吻碱，有剧毒。

木犀科 Oleaceae

本科有28属400多种，广泛分布于热带和温带地区。我国有10属约160种；广西有6属61种；姑婆山有4属7种1亚种3变种，其中2属2种1亚种为栽培种。

分属检索表

1. 多为攀缘状灌木；果为浆果，常双生·······················素馨属 *Jasminum*

1. 乔木或灌木；果为核果······························女贞属 *Ligustrum*

素馨属 *Jasminum* L.

本属约有200种，分布于东半球热带、亚热带地区。我国有43种；广西有22种；姑婆山有3种，其中1种为栽培种。

分种检索表

1. 植株常无毛；小叶革质，顶生小叶与侧生小叶近等大；花萼裂片三角形或近截平···清香藤 *J. lanceolaria*

1. 植株被毛；小叶纸质，顶生小叶远大于侧生小叶；花萼裂片条形或锐三角形···华素馨 *J. sinense*

清香藤　碎骨风、散骨藤
Jasminum lanceolaria Roxb.

攀缘状灌木。全株无毛或微被短柔毛。小枝圆柱形，稀具棱，节处稍压扁状。叶为三出复叶，对生；小叶近等大，革质，卵圆形、椭圆形至披针形，具柄。聚伞花序顶生，兼有腋生，花萼三角形或不明显，花冠白色。果球形或椭圆形，黑色。花期4～10月，果期6月至翌年3月。

生于路旁疏林或灌木丛中；常见。全株入药，具有祛风除湿、活血散瘀的功效，可用于治疗风湿筋骨痛、腰痛、跌打损伤。

华素馨 华清香藤

Jasminum sinense Hemsl.

攀缘状灌木。枝、叶片、叶柄和花序密被锈色长柔毛。叶为三出复叶，对生，顶生小叶远大于侧生小叶；小叶纸质，卵形或卵状披针形。聚伞花序顶生及腋生；花具芳香；花萼被柔毛，果时稍增大，锥尖形或长三角形；花冠白色。果长圆形或近球形，黑色。花期7～10月，果期9月至翌年5月。

生于山坡疏林或路旁；少见。 全株入药，具有消炎、止痛、活血、接骨的功效，可用于治疗外伤出血、水火烫伤；花入药，具有清热解毒、消炎的功效，可用于治疗疮疖。

女贞属 *Ligustrum* L.

本属有45种，分布于亚洲东部、印度、马来西亚至新几内亚和澳大利亚、欧洲至伊朗北部。我国有27种；广西有14种；姑婆山有3种3变种。

分种检索表

1. 小枝和花序轴均明显被毛。
  2. 花序通常腋生，基部无叶。
    3. 花萼被毛；叶脉在叶片腹面明显凹陷·················**滇桂小蜡** *L. sinense* var. *concavum*
    3. 花萼无毛；叶脉通常在叶片腹面平坦·················**光萼小蜡** *L. sinense* var. *myrianthum*
  2. 花序常顶生，基部有叶。
    4. 花梗和花萼均密被柔毛；叶片背面密被黄褐色或黄色柔毛，中脉和侧脉均在叶片腹面明显凹陷
    ···**多毛小蜡** *L. sinense* var. *coryanum*
    4. 花梗和花萼均无毛或偶有稀疏短柔毛；叶脉在叶片腹面平坦·················**小蜡** *L. sinense*
1. 小枝无毛或当年生枝被粉状毛。
  5. 叶片中脉常被柔毛；果椭圆形或近球形·················**华女贞** *L. lianum*
  5. 叶片两面无毛；果肾形或近肾形·················**女贞** *L. lucidum*

华女贞 李氏女贞

Ligustrum lianum P. S. Hsu

灌木或小乔木。枝四棱形或近圆柱形；幼枝密被或疏被短柔毛。叶片革质，先端渐尖或长渐尖，基部宽楔形或圆形，沿叶柄下延，边缘反卷，腹面常具网状乳突，背面密生细小腺点，侧脉4～8对；叶柄腹面具沟，被微柔毛或近无毛。圆锥花序顶生；花序梗四棱形，常被微柔毛；花梗无毛。果椭圆形或近球形，呈黑色、黑褐色或红褐色。花期4～6月，果期7月至翌年4月。

生于山谷疏林、密林或灌木丛中；少见。

小蜡 小叶女贞
Ligustrum sinense Lour.

落叶灌木或小乔木。小枝被淡黄色柔毛，老时近无毛。叶片纸质或薄革质，卵形至披针形，先端渐尖至微凹，基部宽楔形或近圆形。圆锥花序顶生或腋生，塔形，花序轴基部有叶，花白色；花萼无毛；花丝近等长或长于花冠裂片。果近球形。花期5～6月，果期9～12月。

生于山坡疏林或灌木丛中；常见。 果可酿酒；种子油可制肥皂；树皮和叶入药，具有清热降火的功效，可用于治疗吐血、牙痛、口疮、咽喉痛等；各地普遍栽培作绿篱。

木犀科 Oleaceae

滇桂小蜡

Ligustrum sinense var. *concavum* M. C. Chang

　　落叶灌木或小乔木。幼枝、花序轴和叶柄密被锈色或黄棕色柔毛或硬毛，稀为短柔毛。叶片革质，长椭圆状披针形、椭圆形至卵状椭圆形，腹面疏被短柔毛，背面密被锈色或黄棕色柔毛，叶脉在腹面明显凹陷。花序腋生，基部常无叶；花萼被毛。花期4～5月，果期8～11月。

　　生于山坡或沟谷疏林中；常见。

多毛小蜡

Ligustrum sinense var. *coryanum* （W. W. Sm.） Hand.-Mazz.

灌木或小乔木。幼枝、花序轴、叶柄以及叶片背面均被较密黄褐色或黄色硬毛或柔毛，稀仅沿背面叶脉有毛。叶片中脉和侧脉在腹面均明显凹陷。圆锥花序顶生，基部具叶；花梗和花萼均密被柔毛。花期3～4月，果期11～12月。

生于山坡密林、疏林下或灌木丛中；常见。 树皮、叶入药，具有清热解毒、消肿止痛的功效，可用于治疗跌打肿痛、疮疡肿毒、黄疸、水火烫伤、产后会阴水肿等。

夹竹桃科 **Apocynaceae**

本科有155属2000多种，分布于热带、亚热带地区，少数分布于温带地区。我国有44属145种；广西有27属77种；姑婆山有6属9种，其中3属3种为栽培种。

分属检索表

1. 核果，链珠状；叶通常轮生·· 链珠藤属 *Alyxia*
1. 蓇葖果；叶对生。
  2. 花冠坛状、钟状或近钟状·· 水壶藤属 *Urceola*
  2. 花冠高脚碟状或近高脚碟状、漏斗状·· 络石属 *Trachelospermum*

链珠藤属 *Alyxia* Banks ex R. Br.

本属约有70种，分布于亚洲南部及太平洋群岛。我国有12种；广西有7种；姑婆山有3种。

分种检索表

1. 叶片先端钝或微凹··· 链珠藤 *A. sinensis*
1. 叶片先端急尖、渐尖或长渐尖。
  2. 叶片边缘反卷；花冠黄色·· 狭叶链珠藤 *A. schlechteri*
  2. 叶片边缘不反卷；花冠黄绿色或淡绿白色·································· 橄榄果链珠藤 *A. balansae*

狭叶链珠藤 野念珠藤

Alyxia schlechteri H. Lév.

木质藤本。植株蔓延，具乳汁。小枝老时具稠密皮孔；老枝灰白色。叶对生或3～4叶轮生，常集生于小枝的上部；叶片近革质，狭披针形或狭椭圆形，边缘微向外卷，腹面深绿色，背面浅绿色；中脉在腹面凹陷，在背面突出，侧脉在腹面略可看见，在背面不明显而光滑。花黄色，多朵集成聚伞花序，腋生。核果椭圆形，链珠状，具2～3个节，紫黑色。果期12月至翌年5月。

生于山坡疏林或灌木丛中；常见。 全草、根、茎、叶入药，具有清热解毒、消肿止痛、祛风、利湿、活血通络的功效，可用于治疗慢性肝炎、胃痛、脾虚泄泻、风火牙痛、风湿性关节炎、周身浮肿、跌打损伤、闭经、脚气等。

夹竹桃科 Apocynaceae

链珠藤 念珠藤

Alyxia sinensis Champ. ex Benth.

　　攀缘状灌木。植株具乳汁。叶对生或3片轮生；叶片革质，通常圆形或卵圆形、倒卵形，先端圆或微凹，边缘反卷，侧脉不明显。聚伞花序腋生或近顶生；花小；花萼裂片卵圆形；花冠先淡红色后退为白色，花冠喉部紧缩，内面无鳞片，裂片卵圆形。核果卵形，2～3个组成链珠状。花期4～9月，果期5～11月。

　　生于山坡疏林或灌木丛中；常见。 全株入药，具有祛风活血、通经活络的功效，可用于治疗风湿关节痛、腰痛、跌打损伤、闭经等；根有小毒，入药具有解热镇痛、消痛解毒的功效，可用于治疗风火牙痛、风湿关节痛、脾虚泄泻、湿性脚气、水肿、胃痛、跌打损伤等。

链珠藤 念珠藤

Alyxia sinensis Champ. ex Benth.

络石属 *Trachelospermum* Lem.

本属有15种，分布于亚洲热带、亚热带地区，极少数分布于温带地区。我国有6种；广西6种均产；姑婆山有2种。

分种检索表

1. 花蕾顶端渐尖；花萼裂片紧贴在花筒上；花药顶端伸出花冠筒之外………**亚洲络石** *T. asiaticum*
1. 花蕾顶端钝；花萼裂片展开或反折；花药内藏……………………………络石 *T. jasminoides*

络石 软筋藤、扫把藤
Trachelospermum jasminoides（Lindl.）Lem.

常绿木质藤本。具乳汁。叶片革质，椭圆形至卵状椭圆形。聚伞花序；花白色，具芳香，花蕾顶端钝；花萼裂片向外反折；花冠筒圆筒形，中部膨大；雄蕊着生在花冠筒中部，隐藏在花冠喉内。蓇葖果双生，叉开。种子顶端具白色绢质种毛。花期3～7月，果期7～12月。

生于山坡林缘或灌木丛中；常见。 全株入药，具有祛风通络、活血止痛的功效，可用于治疗风湿性关节炎、腰腿痛、跌打损伤、痈疖肿毒、血吸虫腹水病，外用治创伤出血。

夹竹桃科 Apocynaceae

水壶藤属 *Urceola* Roxb.

本属有15种，分布于亚洲东南部。我国有8种；广西有4种；姑婆山有1种。

毛杜仲藤

Urceola huaitingii （Chun et Tsiang） D. J. Middleton

藤本。具乳汁。枝与小枝圆柱状。叶生于枝顶端；叶片先端锐尖或短渐尖，基部狭圆形或宽楔形，两面被柔毛。花序近顶生或稀腋生，伞房状；苞片叶状；花梗丝状；花萼近钟状，外面有茸毛；花冠黄色，坛形辐状，外面有微毛，花冠筒喉部胀大；雄蕊生于花冠筒基部；子房具疏柔毛。蓇葖果双生或1个不发育，卵圆状披针形，基部胀大。花期4～6月，果期7月至翌年6月。

生于林缘；少见。 老茎及根入药，具有祛风活络、壮腰膝、强筋骨、消肿的功效。

萝藦科 **Asclepiadaceae**

本科有250属约2000种，分布于热带、亚热带地区，少数分布于温带地区。我国有44属270种；广西有34属125种；姑婆山有4属6种。

分属检索表

1. 花粉块下垂··鹅绒藤属 *Cynanchum*
1. 花粉块直立或平展。
  2. 花冠辐状···醉魂藤属 *Heterostemma*
  2. 花冠高脚碟状。
    3. 副花冠裂片肉质，背部膨胀，先端通常钻状·····························牛奶菜属 *Marsdenia*
    3. 副花冠裂片背部扁平，先端渐尖或无副花冠·······················黑鳗藤属 *Jasminanthes*

鹅绒藤属 *Cynanchum* L.

本属约有200种，分布于非洲东部、地中海地区及欧亚大陆的热带、亚热带和温带地区。我国有57种；广西有16种；姑婆山有3种。

分种检索表

1. 多年生草本···徐长卿 *C. paniculatum*
1. 藤本。
  2. 蓇葖果具弯刺··刺瓜 *C. corymbosum*
  2. 蓇葖果平滑无刺···青羊参 *C. otophyllum*

萝藦科 Asclepiadaceae

刺瓜　刺果牛皮消

Cynanchum corymbosum Wight

　　多年生草质藤本。叶片卵形或卵状长圆形，先端短尖，基部心形，背面被苍白色。花序腋外生，具花约20朵；花绿白色，近辐状；副花冠大，杯状或长钟状。蓇葖果纺锤状，具弯刺，向端部渐尖，中部膨胀。种子卵形，具白色绢质种毛。花期5～10月，果期8月至翌年1月。

　　生于山坡或林缘灌草丛；少见。　全草入药，具有益气、催乳、解毒的功效，可用于治疗产后乳汁不下、肾虚水肿、慢性肾炎、神经衰弱、肺结核、尿血、闭经等。

青羊参

Cynanchum otophyllum C. K. Schneid.

多年生草质藤本。茎被两列毛。叶对生；叶片卵状披针形，先端长渐尖，基部深耳状心形，两耳圆形，两面均被柔毛。伞形聚伞花序腋生；花萼外面被微毛，基部内面有腺体5个；花冠白色，裂片长圆形，内被微毛；副花冠杯状，比合蕊冠略长，裂片中间有1枚小齿，或有褶皱或缺；柱头顶端略为2裂。蓇葖果双生或仅1个发育，短披针形。种子顶端具白色绢质种毛，长约3 cm。花期6～10月，果期8～11月。

生于山坡灌木丛或疏林中；常见。 根有毒，入药具有补肾、镇静、解毒、镇惊、祛风湿的功效。

萝藦科 Asclepiadaceae

醉魂藤属 *Heterostemma* Wight et Arn.

本属约有30种，分布于亚洲东南部至大洋洲群岛。我国有9种；广西有7种；姑婆山有1种。

台湾醉魂藤

Heterostemma brownii Hayata

攀援木质藤本。叶片宽卵形或长卵圆形，先端渐尖，基部圆形、阔楔形或平截；基出脉3～5，侧脉每边3～4条，纤细，先端弯曲；叶柄长2～5 cm，粗壮，被柔毛，顶端具丛生小腺体。伞形状聚伞花序腋生，长2～6 cm，具花10～15朵；花序梗粗壮，被微毛；花冠黄色、辐状，副花冠5片，星芒状，从合蕊冠伸出平展于花冠上，副花冠裂片呈长舌状，可达花冠的湾缺处。蓇葖双生，线状披针形，无毛，具纵条纹。花期4～9月，果期6月至翌年2月。

根入药，民间用于治疗风湿、胎毒和疟疾等；地上部分入药，台湾用于治疗肿瘤。

黑鳗藤属 *Jasminanthes* Blume

本属有5种，分布于中国、泰国、马来西亚等地。我国有4种；广西4种均产；姑婆山有1种。

黑鳗藤 华千金子藤

Jasminanthes mucronata（Blanco）W. D. Stevens et P. T. Li

藤状灌木，植株长达10 m。叶片纸质，卵圆状长圆形，基部心形，侧脉斜曲上升，在边缘前网结；叶柄顶端具丛生腺体。假伞形聚伞花序，腋生或腋外生；小苞片卵圆形；花萼裂片长圆形；花冠白色，含紫色液汁，花冠筒圆筒形，花冠裂片镰形；合蕊柱比花冠筒短；副花冠5枚，着生于雄蕊背面；子房卵圆形。蓇葖果长披针形，顶端渐尖。种子长圆柱形。花期5～6月，果期9～10月。

生于密林中；少见。 藤茎入药，具有补虚益气、调经的功效，可用于治疗产后虚弱、闭经、腰骨酸痛等。

萝藦科 Asclepiadaceae

牛奶菜属 *Marsdenia* R. Br.

本属约有100种，分布于亚洲、美洲和非洲热带地区。我国有25种；广西有10种；姑婆山有1种。

蓝叶藤 肖牛耳藤

Marsdenia tinctoria R. Br.

攀缘状灌木，植株长达5 m。叶片长圆形或卵状长圆形，先端渐尖，基部近心形，鲜时蓝色，干后亦呈蓝色。聚伞圆锥花序近腋生，长3～7 cm；花黄白色，干时呈蓝黑色；花冠筒状钟形，喉部内面有刷状毛；副花冠裂片长圆形。蓇葖果具茸毛，圆筒状披针形。花期3～5月，果期8～12月。

生于密林中；常见。 花、叶、茎皮含蓝靛，可作染料；茎、茎皮入药，可用于治疗风湿骨痛、肝肿大；果入药，具有舒肝和胃的功效，可用于治疗肝气郁积、胃脘胀满、胃脘痛、心胃气痛、食少纳呆、嗳气吞酸、苔薄脉弦；全草入药，具有滋补的功效，可用于治疗体弱；韧皮纤维可织粗布、制绳索；种毛可作填充物。

茜草科 **Rubiaceae**

本科有660属约11150种，主要分布于热带、亚热带地区，少数分布于温带地区。我国约有97属701种；广西有65属306种；姑婆山有23属47种2亚种，其中1种为栽培种。

分属检索表

1. 花不形成头状花序。
  2. 花序上有些花萼裂片中有1片（很少全部）增大成叶状，色白而具柄…玉叶金花属 *Mussaenda*
  2. 花序上的花萼裂片均正常，不增大成叶状。
    3. 子房每室有胚珠2颗至多数。
      4. 果干燥，为蒴果。
        5. 木质藤本……………………………………………………流苏子属 *Coptosapelta*
        5. 草本。
          6. 果为宽孪生状倒卵形或具2裂的棱柱形；花通常5基数………蛇根草属 *Ophiorrhiza*
          6. 果近球形；花通常4基数。
            7. 种子有棱角……………………………………………………耳草属 *Hedyotis*
            7. 种子平突……………………………………………………新耳草属 *Neanotis*
      4. 果肉质。
        8. 花冠裂片镊合状排列……………………………………………腺萼木属 *Mycetia*
        8. 花冠裂片旋转状排列。
          9. 子房1室，侧膜胎座……………………………………………栀子属 *Gardenia*
          9. 子房通常2室或偶有更多。
            10. 胚珠或种子嵌于肥厚、肉质胎座中……………………………茜树属 *Aidia*
            10. 胚珠和种子均裸露，不嵌于肉质胎座中。
              11. 花序腋生……………………………………………………狗骨柴属 *Diplospora*
              11. 花序顶生……………………………………………………乌口树属 *Tarenna*
    3. 子房每室只有胚珠1颗。
      12. 木本或藤本。
        13. 藤本。
          14. 多花聚合成头状花序……………………………………………巴戟天属 *Morinda*
          14. 聚伞花序………………………………………………………鸡矢藤属 *Paederia*
        13. 乔木或灌木。
          15. 花冠裂片旋转状排列……………………………………………大沙叶属 *Pavetta*
          15. 花冠裂片镊合状排列。
            16. 花排成顶生的伞房式或圆锥式聚伞花序……………………白马骨属 *Serissa*
            16. 花常腋生，且常单生或数朵簇生。
              17. 有刺灌木……………………………………………………虎刺属 *Damnacanthus*
              17. 无刺灌木……………………………………………………粗叶木属 *Lasianthus*
      12. 草本。

18. 叶数片轮生。

　19. 花4基数···拉拉藤属 *Galium*

　19. 花5基数···茜草属 *Rubia*

18. 叶对生。

　20. 聚伞花序；果不开裂或顶端开裂·····················丰花草属 *Spermacoce*

　20. 花序头状；果在中部或中部以下盖裂·············盖裂果属 *Mitracarpus*

1. 花形成头状花序。

　21. 木质藤本··钩藤属 *Uncaria*

　21. 乔木或灌木。

　　22. 顶芽不明显，由托叶疏松包裹；托叶深2裂，达全长2/3以上；头状花序单生，稀数个排成聚伞状圆锥花序式···水团花属 *Adina*

　　22. 顶芽明显，金字塔形或圆锥形；托叶全缘或有时微凹；头状花序通常7个以上各式排列···槽裂木属 *Pertusadina*

水团花属 *Adina* Salisb.

本属约有4种，分布于亚洲和非洲的热带和亚热带地区。我国有3种；广西有2种；姑婆山有1种。

水团花　水杨梅

Adina pilulifera（Lam.）Franch. ex Drake

灌木至小乔木，植株高达5 m。叶对生；叶片厚纸质，椭圆形至椭圆状披针形，腹面无毛，背面无毛或有时被稀疏短柔毛；托叶2裂，早落。头状花序腋生，稀顶生，花序轴单生，不分枝；花冠白色，窄漏斗状，花冠裂片卵状长圆形。小蒴果楔形，长2～5 mm。花期6～7月，果期8～9月。

生于沟边疏林中；常见。 全株、花、果入药，具有清热解毒、散瘀消肿的功效，可用于治疗感冒发热、咳嗽、疟腮、咽喉肿痛、吐泻、浮肿、痢疾。

茜树属 *Aidia* Lour.

本属有50多种，分布于非洲热带地区、亚洲南部至东南部及大洋洲。我国有8种；广西有5种；姑婆山有2种。

分种检索表

1. 聚伞花序腋生，有花数朵至10多朵，紧缩成伞形花序状；花序梗极短或近无；花梗或果梗长5～17 mm；花萼外面被柔毛······························**香楠** *A. canthioides*
1. 聚伞花序不紧缩成伞形花序状；花序梗较长；花梗或果梗通常短，长不过8 mm；花萼外面无毛 ···**茜树** *A. cochinchinensis*

茜树 越南香茜、尾叶香茜

Aidia cochinchinensis Lour.

灌木或乔木，植株高可达13 m。叶对生；叶片披针形、长圆形或椭圆形；托叶披针形，早落。聚伞花序与叶对生或生于无叶的节上；苞片和小苞片披针形；花萼顶部4～5裂，萼裂片三角形；花冠黄色或白色，有时红色，花冠裂片4～5枚，花开时反折。浆果球形，紫黑色；种子多粒。花期3～6月，果期5月至翌年2月。

生于山坡疏林中；常见。 根入药，具有清热利湿、润肺止咳的功效，可用于治疗痢疾、咳嗽；全株入药，具有清热解毒、利湿消肿、润肺止咳的功效。

丰花草属 *Spermacoce* L.

本属有250～300种，分布于热带、亚热带地区。我国有7种；广西有3种；姑婆山有1种。

阔叶丰花草

Spermacoce alata Aubl.

多年生草本，植株披散，被毛。小枝四棱柱形，棱具狭翅。叶片椭圆形或卵状长圆形，基部阔楔形下延，边缘波形，侧脉每边5～6条，略明显；托叶被粗毛，顶部有数条长于托叶鞘的刺毛。花数朵簇生于托叶鞘内，无梗；小苞片略长于花萼；花冠漏斗形，浅紫色，少为白色。蒴果椭圆形；种子近椭圆形，干后浅褐色或黑褐色，有小颗粒。花果期5～11月。

生于路旁废墟和荒地上；常见。 外来入侵种，原产于南美洲；全草入药，可用于治疗疟疾发热。

流苏子属 *Coptosapelta* Korth.

本属有16种，分布于亚洲南部和东南部，南至巴布亚新几内亚。我国仅有1种；姑婆山亦有。

流苏子 乌龙藤

Coptosapelta diffusa（Champ. ex Benth.）Steenis

藤本或攀缘状灌木，植株长达5 m。叶片卵形、卵状长圆形至披针形，干后黄绿色。花单生于叶腋，常对生；花白色或黄色。蒴果稍扁球形，中间有1条浅沟，直径5～8 mm，淡黄色，具宿存萼裂片；种子多数，近圆形，直径1.5～2 mm，边缘流苏状。花期5～7月，果期5～12月。

生于山坡密林或灌木丛中；少见。 根入药，具有杀菌的功效，可用于治疗皮炎、皮肤瘙痒；茎入药，可用于治疗风湿痹痛、风湿关节痛；全株、地上部分入药，具有利湿、杀虫的功效，可用于治疗疥疮、湿疹。

虎刺属 *Damnacanthus* C. F. Gaertn.

本属约有13种，分布于亚洲东部。我国有11种；广西有6种；姑婆山有2种。

分种检索表

1. 枝具刺，嫩枝被短粗毛或微毛·······································**短刺虎刺** *D. giganteus*
1. 枝无刺，嫩枝无毛··**柳叶虎刺** *D. labordei*

短刺虎刺 咳七风、长叶数珠根
Damnacanthus giganteus（Makino）Nakai

灌木，植株高0.5～2 m。根链珠状，肉质，淡黄色；茎具刺，幼枝常具4棱，刺极短，长1～2 mm，常仅见于顶节托叶腋，其余节无刺。叶片革质，披针形或长圆状披针形，边缘全缘，具反卷线。花两两成对腋生于短花序梗上，白色。核果近球形，熟时红色。花期3～5月，果期11月至翌年1月。

生于山坡密林或灌木丛中；少见。 民间称本种为"黄脚鸡""老鼠胎"，其肉质、链珠状根民间作补益药用，具有补气血、收敛止血等功效。

茜草科 Rubiaceae

柳叶虎刺

Damnacanthus labordei（H. Lév.）H. S. Lo

　　小灌木，高可达4 m。根肉质、链珠状；枝具4条棱，黄色至淡棕色，无刺。叶片披针形至披针状线形，干时淡黑色，全缘或具波状细齿，中脉在两面突出，侧脉与中脉成直角或锐角，两面突出。花生于叶腋的短花序梗上；托叶腋常可生花1～2朵，顶生花4～10朵；花萼裂片钝三角形；花冠白色，花冠裂片4枚，卵形；雄蕊4枚；子房4室。核果近球形，红色；分核1～4个，稍三棱形，具种子1粒。花期2～3月，果期9～12月。

　　生于密林中；少见。 根入药，具有清热利湿、舒筋活血、祛风止痛的功效。

柳叶虎刺

狗骨柴属 *Diplospora* DC.

本属约有20种，分布于亚洲热带地区和非洲。我国有3种；广西有2种；姑婆山2种均有。

分种检索表

1. 嫩枝无毛；叶片两面无毛，网脉在背面不明显；叶柄无毛⋯⋯⋯⋯⋯⋯⋯⋯⋯⋯⋯⋯**狗骨柴** *D. dubia*
1. 嫩枝被毛；叶脉上和脉腋内有疏短柔毛，网脉在叶背面明显；叶柄常被毛⋯**毛狗骨柴** *D. fruticosa*

狗骨柴　三萼木

Diplospora dubia（Lindl.）Masam.

灌木或乔木，植株高可达12 m。嫩枝无毛。叶片边缘全缘，侧脉5～11对，网脉在背面不明显；托叶先端钻形。花腋生，密集成束或组成具花序梗、稠密的聚伞花序；萼筒顶部4裂；花冠白色或黄色；雄蕊4枚，花丝与花药近等长；柱头2裂，线形。浆果近球形，熟时红色，顶部有萼裂片残迹。种子近卵形，暗红色。花期4～8月，果期5月至翌年2月。

生于山坡林中或灌木丛中；常见。根入药，具有消肿散结、解毒排脓的功效，可用于治疗瘰疬、背痛、头疖、跌打损伤等。

茜草科 Rubiaceae

毛狗骨柴 小狗骨柴

Diplospora fruticosa Hemsl.

灌木或乔木，植株高可达15 m。嫩枝有短柔毛。叶片边缘全缘；侧脉7～13对，网脉在叶背明显；叶柄具短刚毛；托叶披针形，基部合生。伞房状的聚伞花序腋生；花萼筒陀螺形，萼檐浅4裂，萼裂片三角形；花冠白色或黄色，裂片长圆形，比冠筒长；柱头2裂。果近球形，有短柔毛或无毛，熟时红色。花期3～5月，果期6月至翌年2月。

生于沟边密林或灌木丛中；常见。 根入药，具有益气养血、收敛止血的功效，可用于治疗血崩、肠风下血、血虚、关节痛等。

毛狗骨柴 小狗骨柴

拉拉藤属 *Galium* L.

本属约有600种，广泛分布于全球，主要分布于温带地区。我国有63种；广西有10种；姑婆山有2种。

分种检索表

1. 叶每轮4片··四叶葎 *G. bungei*

1. 叶每轮4～8片··猪殃殃 *G. spurium*

四叶葎

Galium bungei Steud.

多年生草本。直立，丛生，植株高5～50 cm。茎具4棱。叶4片轮生；叶片形状变化较大，通常同株上部与下部的叶形不同。聚伞花序顶生和腋生；花序梗常3歧分枝，再排成圆锥花序；花冠黄绿色或白色，辐状。果瓣近球状，通常双生，有小疣点、小鳞片或短钩毛；果梗常比果长。花期4～9月，果期5月至翌年1月。

生于沟边林中、灌木丛中或草地上；常见。全草入药，具有清热解毒、利尿消肿、止血、消食的功效。

茜草科 Rubiaceae

猪殃殃 拉拉藤

Galium spurium L.

多枝、匍匐或攀缘状草本，植株高30～50 cm。茎具4棱；棱上、叶缘、叶脉上均有倒生的小刺毛。叶4～8片轮生；叶片先端有针状突尖头，两面常有紧贴的刺状毛，1脉；近无柄。聚伞花序腋生或顶生；花萼被钩毛；花冠黄绿色或白色；子房被毛，柱头头状。果干燥，有1～2个近球状的分果，密被钩毛。花期3～7月，果期4～11月。

生于林缘灌木丛、荒地、田间；常见。 全草入药，具有清热解毒、消肿止痛、利尿、散瘀的功效，可用于治疗淋浊、尿血、跌打损伤、肠痈、疖肿、中耳炎等。

猪殃殃 拉拉藤

Galium spurium L.

栀子属 *Gardenia* J. Ellis

本属约有250种，分布于热带、亚热带地区。我国有5种；广西有4种；姑婆山有1种。

栀子 黄栀子、山栀子、水栀子
Gardenia jasminoides J. Ellis

常绿灌木，植株高0.3～3 m。嫩枝常被短毛；枝圆柱形。叶对生，叶形多样，常无毛。花具芳香，常单朵生于枝顶，白色或乳黄色，高脚碟状。果卵形、近球形、椭圆形或长圆形，黄色或橙红色，有翅状纵棱5～9条，顶部具宿存萼片。花期3～7月，果期5月至翌年2月。

生于山坡灌木丛或林下；常见。 花大而美丽，具芳香，可用于庭园观赏；果实是常用中药，具有清热利尿、泻火除烦、凉血解毒、散瘀的功效；从成熟果实中可提取栀子黄色素，在民间作染料应用，在化妆品等工业中用作天然着色剂原料，还是品质优良的天然食品色素；花可提制芳香浸膏，用于多种花香型化妆品和香皂香精。

耳草属 *Hedyotis* L.

本属约有500种，广泛分布于热带、亚热带地区，主产地为亚洲。我国约有67种；广西有30种；姑婆山有7种。

分种检索表

1. 果不开裂或仅顶部开裂。
  2. 成熟果不开裂……………………………………………金毛耳草 *H. chrysotricha*
  2. 成熟果仅顶部开裂………………………………………纤花耳草 *H. tenelliflora*
1. 果室间开裂或仅室背开裂。
  3. 成熟果室间开裂为2个分果瓣。
    4. 果顶部不隆起。
      5. 花序顶生……………………………………………剑叶耳草 *H. caudatifolia*
      5. 花序腋生……………………………………………清远耳草 *H. assimilis*
    4. 果顶部隆起………………………………………………牛白藤 *H. hedyotidea*
  3. 成熟果室背开裂。
    6. 花2～4朵组成小型伞房花序……………………………伞房花耳草 *H. corymbosa*
    6. 花通常单生，罕有成对生于花序梗上…………………白花蛇舌草 *H. diffusa*

纤花耳草

Hedyotis tenelliflora Blume

一年生或多年生草本，植株高15～40 cm。分枝多；枝上部方柱形，具4条锐棱，下部圆柱形。叶对生；叶片线形或线状披针形，腹面密被圆形、透明的小鳞片，背面光滑；无柄；托叶基部合生，先端撕裂，裂片刚毛状。花序腋生，1～3个簇生于叶腋内；花无梗；萼筒倒卵状；花冠白色；雄蕊着生于冠筒喉部。蒴果卵形或近球形。花果期4～11月。

生于林缘路旁；常见。 全草入药，具有清热解毒、消肿止痛的功效，可用于治疗癌症、阑尾炎、痢疾，外用于治疗跌打损伤、毒蛇咬伤。

剑叶耳草 尾叶耳草

Hedyotis caudatifolia Merr. et F. P. Metcalf

　　直立灌木，植株高30～90 cm。全株无毛，基部木质；老枝干后灰色或灰白色，圆柱形；嫩枝绿色，具浅纵纹。叶对生；叶片革质，披针形，先端尾状渐尖，基部楔形或下延，腹面绿色，背面灰白色。圆锥聚伞花序；花冠白色或粉红色，管状，喉部略扩大。蒴果椭圆形，连宿存萼裂片长4 mm。花期5～6月。

　　生于山坡疏林中或林缘路旁；常见。 全草入药，具有润肺止咳、消积、止血的功效。

茜草科 Rubiaceae

金毛耳草 石打穿

Hedyotis chrysotricha（Palib.）Merr.

多年生草本，植株高可达40 cm。叶对生；叶片阔披针形、椭圆形或卵形；侧脉每边2～3条；托叶上部长渐尖，边缘具疏小齿。聚伞花序腋生；花萼被柔毛；花冠白色或紫色，裂片与冠筒等长或略短；柱头棒形，2裂。蒴果近球形，被扩展硬毛，熟时不开裂。花果期几乎全年。

生于林缘路旁或山坡灌木丛中；常见。　全草入药，具有清热利湿、消肿解毒、舒筋活血的功效，可用于治疗外感风热、吐泻、痢疾、黄疸、急性肾炎、中耳炎、咽喉肿痛、小便淋痛、血崩等，外用于治疗毒蛇或蜈蚣咬伤、跌打损伤、外伤出血、疔疮肿毒、骨折、刀伤等。

金毛耳草 石打穿

Hedyotis chrysotricha（Palib.）Merr.

伞房花耳草 水线草

Hedyotis corymbosa（L.）Lam.

　　一年生草本。茎、枝方柱形，分枝多，直立或披散蔓生。叶对生；叶片线形，罕有狭披针形；近无柄。花序腋生，伞房花序式排列，有花2～4朵，罕有退化为单花，具纤细的花序梗；花白色或粉红色。蒴果球形，膜质。花果期几乎全年。

　　生于路旁草丛；常见。 全草入药，具有清热解毒、利尿消肿、活血止痛的功效，可用于治疗恶性肿瘤、阑尾炎、肝炎、泌尿系统感染、支气管炎、扁桃体炎，外用于治疗疮疖、痈肿和毒蛇咬伤。

茜草科 Rubiaceae

白花蛇舌草

Hedyotis diffusa Willd.

　　一年生草本。茎纤细，稍扁，从基部开始分枝，披散，无毛。叶对生，无柄；叶片膜质，线形。花单生或双生于叶腋；花冠白色，管形；花梗略粗壮，长2～5 mm。蒴果扁球形，直径2～2.5 mm，膜质，熟时顶部室背开裂。种子具棱，有深而粗的窝孔。花果期5～10月。

　　生于山坡路旁、林缘草丛或田间；常见。 全草入药，具有清热解毒、利湿、消痈、抗癌的功效，可用于治疗恶性肿瘤、肠痈、风湿病、关节炎、阑尾炎、咽喉肿痛、湿热黄疸、小便不利等。

白花蛇舌草

牛白藤

Hedyotis hedyotidea（DC.）Merr.

攀缘状灌木。有粗糙感；嫩枝方柱形，被粉末状柔毛，老时圆柱形。叶对生，叶片长卵形或卵形，膜质，腹面粗糙，背面被柔毛。花序腋生和顶生，由10～20朵花集聚成伞形花序；花冠白色，管形，先端4浅裂，裂片披针形。蒴果近球形，直径2～3 mm。花果期4～12月。

生于疏林中或林缘路旁；常见。 根、全株入药，具有清热解暑、祛风除湿、消肿解毒、续筋壮骨的功效，可用于治疗中暑、感冒咳嗽、胃肠炎、吐泻、风湿关节痛、痔疮出血、疮疖出血、疮疔痈肿、跌打损伤、骨折等。

粗叶木属 *Lasianthus* Jack

本属有184种，主要分布于亚洲热带地区。我国有33种；广西有19种；姑婆山有3种1亚种。

分种检索表

1. 花序生于腋生花序梗上·····················云广粗叶木 *L. japonicus* subsp. *longicaudus*
1. 花2朵至多朵生于叶腋，无花序梗或花序梗极短。
  2. 花序梗极短·····························日本粗叶木 *L. japonicus*
  2. 无花序梗。
    3. 萼裂片比萼管长·························华南粗叶木 *L. austrosinensis*
    3. 萼裂片与萼管近等长·······················西南粗叶木 *L. henryi*

日本粗叶木

Lasianthus japonicus Miq.

灌木。枝和小枝无毛或嫩部被柔毛。叶片长圆形或披针状长圆形，先端骤尖或骤然渐尖，基部短尖，腹面无毛或近无毛，背面脉上被贴伏的硬毛，侧脉每边5～6条；叶柄被柔毛或近无毛。花无梗，常2～3朵簇生在一腋生、很短的总梗上，有时无总梗；萼钟状，被柔毛，萼齿短于萼管；花冠白色，管状漏斗形，外面无毛，内面被长柔毛。核果球形，无毛。花期4～5月，果期6～10月。

生于密林下或山坡林缘；常见。

西南粗叶木

Lasianthus henryi Hutch.

灌木。小枝常近长，密被贴伏的绒毛。叶片长圆形或长圆状披针形，有时椭圆状披针形，先端渐尖或短尾状渐尖，基部钝或圆，有缘毛，干时两面近灰色，腹面无毛，背面中脉、侧脉和横行小脉上被贴伏或稍伸展的硬毛状柔毛；侧脉6～8对，弧状斜升；叶柄长不超过1 cm，密被硬毛。花近无梗或具极短梗，2～4朵簇生叶腋；花萼被柔毛或硬毛；花冠白色。核果近球形，熟时蓝色，无毛或被糙伏毛。花期6月，果期7～10月。

生于密林下或山坡林缘；常见。 全株入药，有清热、消炎、止咳、行气活血、祛湿强筋、止痛的功效。

盖裂果属 *Mitracarpus* Zucc.

本属约有30多种，主要分布于美洲热带地区，其次是非洲和大洋洲，亚洲仅有2种，其中印度有1种。我国有1种；姑婆山亦有。

盖裂果

Mitracarpus hirtus（L.）DC.

一年生草本，植株高40～80 cm。茎直立，疏被粗毛。叶片长圆形或披针形，腹面粗糙或疏被短毛，背面密被长柔毛，边缘粗糙；无叶柄；托叶鞘状，先端刚毛状。花簇生于叶腋内；小苞片线形，与花萼近等长；萼筒近球形，萼裂片具缘毛；花冠漏斗形，管内和喉部均无毛；子房2室，花柱异形，不明显。蒴果近球形；种子深褐色。花果期4～11月。

生于路旁灌木丛或荒地；常见。 外来入侵种；叶入药，可用于治疗皮肤病、创伤、湿疹。

巴戟天属 *Morinda* L.

本属有80～100种，分布于热带和亚热带地区。我国约有27种；广西有14种；姑婆山有3种1亚种。

分种检索表

1. 嫩枝有毛；叶多少有毛或局部有毛。

  2. 中脉上半部明显线状突起，具皮刺状硬毛；花3基数，极少2或4基数……**巴戟天** *M. officinalis*

  2. 中脉上无皮刺状弯硬毛；花4～5基数…………………………**南岭鸡眼藤** *M. nanlingensis*

1. 枝和叶片两面光滑无毛。

  3. 叶片椭圆形、长圆形或椭圆状披针形，干后红棕色；侧脉每边6～9条；托叶长达15 mm……
…………………………………………………………………………………**糠藤** *M. howiana*

  3. 叶片倒卵形、倒卵状长圆形或倒卵状披针形，干后淡棕色或棕黑色，侧脉每边4～5条；托叶长达6 mm………………………………………………**羊角藤** *M. umbellata* subsp. *obovata*

巴戟天

Morinda officinalis F. C. How

藤本。肉质根不定位肠状缢缩；老枝具棱。叶片长圆形、卵状长圆形或倒卵状长圆形；托叶先端截平。花序3～7个呈伞状排于枝顶；花序梗基部常具1枚卵形或线形的总苞片；头状花序具花4～10朵；花2～4基数；花冠白色，稍肉质，顶部通常3裂，有时4裂或2裂；聚花核果由多朵花或单花发育而成，扁球形或近球形；分核三棱形，内含种子1粒。种子略呈三棱形。花期5～7月，果熟期10～11月。

生于山坡疏林下或林缘路旁；少见。广西重点保护野生植物；现代中药"巴戟天"的原植物，其肉质根晒干即成药材"巴戟天"，具有补肾阳、强筋骨、祛风湿的功效，可用于治疗阳痿遗精、宫冷不孕、月经不调、少腹冷痛、风湿痹痛、筋骨痿软。

羊角藤

Morinda umbellata subsp. *obovata* Y. Z. Ruan

　　木质藤本或攀缘状灌木。老枝具细棱，蓝黑色，多少木质化。叶片倒卵形、倒卵状披针形或倒卵状长圆形。头状花序3～11个呈伞状排于枝顶，每花序具花6～12朵；花白色。聚花核果由3～7朵花发育而成，熟时红色，近球形或扁球形；核果具2～4个分核。花期6～7月，果熟期10～11月。

　　生于林缘路旁或灌木丛中；常见。　根及全株入药，具有祛风除湿、止痛止血的功效，可用于治疗胃痛、风湿关节痛。

玉叶金花属 *Mussaenda* L.

本属约有200种，分布于亚洲热带地区、非洲、马达加斯加及太平洋诸岛。我国约有29种；广西有13种；姑婆山有3种。

分种检索表

1. 花萼裂片长1 cm及以上···**大叶白纸扇** *M. shikokiana*
1. 正常的花萼裂片通常长不到5 mm。
  2. 花萼裂片比萼筒短···**楠藤** *M. erosa*
  2. 花萼裂片比花萼筒长···**玉叶金花** *M. pubescens*

楠藤 啮叶玉叶金花

Mussaenda erosa Champ. ex Benth.

攀缘状灌木，植株高可达3 m。叶对生；叶片纸质，长圆形、卵形至长圆状椭圆形，先端短尖至长渐尖，基部楔形；托叶长三角形，先端深2裂。花序顶生；花疏生，橙黄色；苞片线状披针形。浆果近球形或阔椭圆形，顶部有环状疤痕。花期4～7月，果期9～12月。

生于山坡疏林或灌木丛中；常见。 茎叶入药，具有清热解毒、消炎消肿的功效，可用于治疗感冒、疥疮、热积疮疡、肿毒、水火烫伤。

大叶白纸扇 贵州玉叶金花、黐花

Mussaenda shikokiana Makino

灌木或攀缘状灌木，植株高1～3 m。叶对生，长6～20 cm，宽3.5～13 cm，侧脉9对。聚伞花序顶生，花疏散；花萼筒陀螺状，被贴伏的短柔毛，萼裂片近叶状，白色，披针形，先端长渐尖或短尖；花叶倒卵形；花冠黄色。浆果近球形。花期4～7月，果期6～10月。

生于山坡林缘或路旁；常见。 茎叶、根入药，具有清热解毒、解暑利湿的功效，可用于治疗感冒、中暑高热、咽喉肿痛、痢疾、泄泻、小便不利、无名肿毒、毒蛇咬伤。

大叶白纸扇 贵州玉叶金花、黐花

Mussaenda shikokiana Makino

腺萼木属 *Mycetia* Reinw.

本属有45种，分布于亚洲热带、亚热带地区。我国有15种；广西有3种；姑婆山有1种。

华腺萼木 狭萼腺萼木
Mycetia sinensis（Hemsl.）Craib

灌木或半灌木，植株高可达1 m。老枝白色。同一节上的叶片多少不等大；侧脉每边多达20条。聚伞花序1～3个簇生，顶生；苞片似托叶，基部抱茎，边缘常条裂，很少近全缘，基部有黄色、具柄的腺体；花冠白色；长柱花雄蕊生于冠筒近基部，短柱花雄蕊生于冠筒近中部。果近球形，熟时白色。花期7～8月，果期9～11月。

生于沟谷密林下；常见。根入药，具有祛风除湿、利尿通便的功效，可用于风湿痹痛、腰痛、小便不利；叶入药，可用于治疗扭伤。

茜草科 Rubiaceae

新耳草属 *Neanotis* W. H. Lewis

本属约有30种，分布于亚洲热带地区和大洋洲。我国约有8种；广西有4种；姑婆山有1种。

广东新耳草 广东假耳草

Neanotis kwangtungensis（Merr. et F. P. Metcalf）W. H. Lewis

匍匐草本。茎具棱，通常节上生不定根。叶片椭圆形、披针形或卵形；侧脉每边3～9条；托叶先端分裂为数条线形的裂片。花序腋生于小枝顶端；花具短梗；萼裂片阔三角形，与萼筒近等长；花冠白色，裂片长圆形，具明显的脉纹。果近球形，具短梗，有狭披针形、外反的宿存萼裂片。花果期7～9月。

生于山坡疏林中；少见。

蛇根草属 *Ophiorrhiza* L.

本属有200～300种，分布于亚洲热带地区。我国约有70种；广西有26种；姑婆山有2种。

分种检索表

1. 植株较高，高20～100 cm；叶片背面无毛或仅脉上被柔毛······················**长梗蛇根草** *O. loana*
1. 植株较矮，高10 cm；叶片背面密被糙硬毛状柔毛······················**短小蛇根草** *O. pumila*

长梗蛇根草

Ophiorrhiza loana Y. F. Deng et Y. Feng Huang

草本。茎和分枝干时均压扁状，密被短柔毛。叶对生，同一节上的叶一大一小；叶片卵形或椭圆形，先端钝，基部楔尖或阔楔尖，很少近圆，两侧稍不对称，边缘近全缘，干时腹面灰绿色，无毛，背面苍白或变紫色，脉上被柔毛或无毛；侧脉每边6～8条，末端在近叶缘消失；叶柄被柔毛。花序顶生，有花5～9朵，分枝螺旋状，被短柔毛；花冠黄白色，略带紫色，漏斗形，冠管长约16 mm；柱头2裂。蒴果棕红色。花期4月。

生于山坡沟谷密林中或林缘路旁；常见。

茜草科 Rubiaceae

短小蛇根草

Ophiorrhiza pumila Champ. ex Benth.

小草本。茎和分枝多少被柔毛。对生叶近等大；叶片纸质，基部楔尖，常多少下延，腹面近无毛或散生糙伏毛，背面被极密的糙硬毛状柔毛，或仅腹面被毛；叶柄长，被柔毛；托叶线形，常早落。花序顶生，多花，和螺旋状的分枝均被短柔毛；花一型；小苞片小而早落或无小苞片；花萼被短硬毛；花冠白色，近管状，外面被短柔毛，冠筒基部稍膨胀，内面喉部有1环白色长毛，花冠裂片卵状三角形，背面无明显的棱。蒴果僧帽状或略呈倒心形，干时褐黄色，被短硬毛。花期4～9月，果期6～10月。

生于林下溪边、山谷阴湿处；少见。全草入药，具有清热解毒的功效。

鸡矢藤属 *Paederia* L.

本属约有30种，分布于亚洲、非洲、美洲的热带、亚热带地区。我国有9种；广西9种均产；姑婆山有3种。

分种检索表

1. 花序狭窄；花密集于花序中轴或分枝上，呈团伞式或头状……………**白毛鸡矢藤** *P. pertomentosa*
1. 花序疏散或扩展。
　　2. 花序末次分枝上的花不呈蝎尾状排列；叶片两面被锈色茸毛…………**耳叶鸡矢藤** *P. cavaleriei*
　　2. 花序末次分枝上的花呈蝎尾状排列；叶片两面无毛或被白色柔毛……………**鸡矢藤** *P. foetida*

白毛鸡矢藤　广西鸡矢藤

Paederia pertomentosa Merr. ex H. L. Li

草质藤本。茎、枝和叶背面密被短茸毛。叶片基部浑圆，绝不呈心形，腹面有小疏柔毛，背面密被稍短白色茸毛，侧脉每边6～8条；叶柄被小柔毛。花序腋生和顶生，密被稍短柔毛，着生于中轴上的花密集成团伞式，近轮生；花5朵，花冠裂片张开呈蔷薇状。核果球形；小坚果半球形，边缘无翅，干后黑色。花期6～7月，果期10～11月。

生于林下、灌木丛中；常见。 根、叶入药，具有平肝熄风、健脾消食、壮肾固涩、祛风湿的功效；全株入药，可用于治疗痈疮肿毒、毒蛇咬伤。

鸡矢藤 疏花鸡矢藤、毛鸡矢藤

Paederia foetida L.

　　多年生草质藤本。枝叶揉碎有强烈的鸡屎臭味，茎缠绕。叶对生；叶片纸质，卵形至披针形。圆锥花序式的聚伞花序腋生和顶生，扩展；花冠筒钟状，外面白色，内面紫红色，有茸毛。核果球形，成熟时近黄色，有光泽，藤枯后仍不落。花期6～10月，果期11～12月。

　　生于山坡林中、林缘及沟谷边灌木丛中；常见。 根或全草入药，具有祛风利湿、消食化积、止咳、止痛的功效。

大沙叶属 *Pavetta* L.

本属约有400种，分布于东半球热带地区。我国约有6种；广西有4种；姑婆山有1种。

香港大沙叶 茜木满天星
Pavetta hongkongensis Bremek.

灌木或小乔木。叶对生；叶片长圆形至椭圆状倒卵形；侧脉每边约7条；托叶阔卵状三角形。花序生于侧枝顶部；花冠白色，冠筒外面无毛，内面基部被疏柔毛；花柱柱头棒形，边缘全缘。浆果球形，具宿存萼。花期3～7月，果期7～11月。

生于山坡或林缘灌木丛中；常见。 全株入药，具有清热解毒、活血化瘀的功效。

槽裂木属 *Pertusadina* Ridsd.

本属有4种，分布于马来半岛、摩鹿加群岛及巴布亚新几内亚、菲律宾和泰国。我国有1种；姑婆山亦有。

海南槽裂木

Pertusadina metcalfii（Merr. ex H. L. Li）Y. F. Deng et C. M. Hu

乔木或灌木，幼枝栗色。叶片椭圆形至椭圆状长圆形，先端渐尖，基部楔形；托叶线状长圆形至钻形，稀先端有凹缺，边缘全缘。头状花序不计花冠直径6～8 mm；小苞片线状棒形至线状匙形，先端具缘毛；花萼管长0.5～0.7 mm，基部通常有长毛，萼裂片线状长圆形，内外面均有稀疏的毛；花冠黄色，高脚碟状，花冠裂片三角形；花柱伸出，柱头倒卵圆形。蒴果疏被短柔毛。花期5～6月，果期9～12月。

生于山坡林中；少见。 木材可供造船、桥梁、木桩、枕木和车轴等用。

茜草属 *Rubia* L.

本属约有80种，分布于欧洲、亚洲、美洲及南非。我国有38种；广西有9种；姑婆山有3种。

分种检索表

1. 叶片狭窄，线形或披针状线形，长为宽的5～10倍···金剑草 *R. alata*
1. 叶片较阔，非线形，长不及宽的3倍。
　2. 叶片卵状心形或近圆心形，基出脉通常5～7条···································东南茜草 *R. argyi*
　2. 叶片披针形或长圆状披针形，长为宽的2～3倍，基出脉3～5条·········多花茜草 *R. wallichiana*

金剑草　四穗竹
Rubia alata Wall.

　　草质攀缘藤本。茎、枝均有4棱或4翅，通常棱或翅上有倒生皮刺。叶4片轮生；叶片线形、披针状线形、狭披针形或披针形，基部圆至浅心形，边缘反卷，两面均粗糙；叶柄有倒生皮刺。花序顶生或腋生，通常比叶长，为多回分枝的圆锥花序式；花序轴和分枝均有明显的4棱，通常有小皮刺；花梗有4棱；花冠白色或淡黄色。浆果熟时黑色，球形或双球形。花期5～8月，果期8～11月。

　　生于山坡林缘、灌木丛中；少见。　根及根状茎入药，具有凉血止血、活血祛瘀、通经、祛风湿的功效；茎、叶入药，具有活血消肿、止血祛瘀的功效。

多花茜草 红丝线

Rubia wallichiana Decne.

多年生草质攀缘藤本。茎、枝均有4钝棱角，棱上生有乳突状倒生短刺。叶4～6片轮生；叶片基部圆心形或近圆形，边缘具齿状，背面干后变苍白，中脉上常有短小皮刺；叶柄有倒生皮刺。花序腋生和顶生，由多数小聚伞花序排成圆锥花序；花序梗有4条直棱；花冠紫红色、绿黄色或白色，花冠裂片披针形。浆果球形，单生或孪生，熟时黑色。花期8～10月，果期8～12月。

生于林中、林缘、灌木丛中；少见。 根状茎及根入药，具有清热凉血的功效。

多花茜草 红丝线

白马骨属 *Serissa* Comm. ex Juss.

本属有2种，分布于中国、日本、尼泊尔和越南。广西姑婆山2种均产，其中1种为栽培种。

白马骨

Serissa serissoides（DC.）Druce

小灌木，植株高0.3～1 m。枝粗壮，灰色，被短毛，后毛脱落变无毛。叶常聚生于小枝上部，对生；叶片倒卵形或倒披针形，边缘全缘；有短柄。花白色，无梗，簇生于小枝顶部；花萼裂片几乎与冠筒等长；花冠管喉部被毛，裂片5枚，长圆状披针形。花期4～6月，果期9～11月。

生于荒地或灌草丛中；少见。 全株入药，具有疏风解表、清热利湿、舒筋活络的功效，可用于治疗感冒、咳嗽、牙痛、乳蛾、咽喉肿痛、急慢性肝炎、泄泻、痢疾、小儿疳积、目赤肿痛、风湿关节痛等；根入药，具有清热解毒的功效，可用于治疗小儿惊风、带下病、风湿关节炎，解雷公藤中毒。

乌口树属 *Tarenna* Gaertn.

本属约有370种，分布于亚洲的热带、亚热带地区。我国有18种；广西有11种；姑婆山有3种。

分种检索表

1. 花冠筒与花冠裂片近等长或短于花冠裂片·············白花苦灯笼 *T. mollissima*
1. 花冠筒比花冠裂片长。
  2. 花萼裂片三角状披针形，有短柔毛；叶片腹面无毛或沿中脉被疏短柔毛，背面被短柔毛或乳突状毛··············尖萼乌口树 *T. acutisepala*
  2. 花萼裂片三角形，无毛；叶片两面无毛或叶片背面被极疏的短柔毛···华南乌口树 *T. austrosinensis*

尖萼乌口树

Tarenna acutisepala F. C. How ex W. C. Chen

 灌木，植株高可达2.5 m。叶片腹面无毛，背面被短柔毛，有时无毛，侧脉5～7对；托叶三角形，背面在中肋和基部被短硬毛。伞房状聚伞花序顶生，花紧密；花序梗具短柔毛；花冠淡黄色，花冠裂片椭圆形。浆果近球形，有短柔毛或无毛，顶部常有宿存萼裂片。花期4～9月，果期5～11月。

 生于山坡路旁及沟谷溪边、灌木丛中；常见。

华南乌口树

Tarenna austrosinensis Chun et F. C. How ex W. C. Chen

灌木。枝和小枝圆柱形，无毛。叶片长圆形或长圆状披针形，先端渐尖，基部楔形，两面无毛或背面被极疏的短柔毛，干时淡黑褐色，中脉在腹面平坦，在背面突起，侧脉6～7对，在边缘内网结；叶柄长5～15 mm，无毛。伞房状的聚伞花序顶生，被短柔毛；花梗长3～5 mm，被短柔毛；花冠淡绿色，冠管长约7 mm，外面无毛，内面有长柔毛，喉部有须毛。浆果球形。花期4～5月，果期8～9月。

生于山坡林中；常见。

茜草科 Rubiaceae

白花苦灯笼 乌口树、乌木
Tarenna mollissima （Hook. et Arn.） B. L. Rob.

灌木或小乔木。全株密被灰色或褐色柔毛或短茸毛，但老枝渐无毛。叶片纸质，披针形、长圆状披针形或卵状椭圆形，先端渐尖或长渐尖，基部楔尖、短尖或钝圆，干后变黑褐色。伞房状的聚伞花序顶生；花冠白色，外面被毛，喉部密被长柔毛。果近球形，被柔毛，熟时黑色。花期5～7月，果期5月至翌年2月。

生于山坡沟边、林中；常见。 根和叶入药，具有清热解毒、消肿止痛的功效。

钩藤属 *Uncaria* Schreb.

本属有34种，分布于热带地区。我国有12种；广西有10种；姑婆山有1种。

钩藤

Uncaria rhynchophylla（Miq.）Miq. ex Havil.

木质藤本。嫩枝较纤细，方柱形或略有4棱，无毛；叶腋有成对的钩刺。单叶对生；叶片纸质，椭圆形或椭圆状长圆形，边缘全缘。头状花序单生于叶腋或集成顶生；花小，花冠黄白色，管状漏斗形。小蒴果被短柔毛，宿存萼裂片近三角形。花期5～7月，果期10～11月。

生于山谷溪边的疏林或灌木丛中；少见。 带钩藤茎为著名中药"钩藤"，具有清血平肝、熄风定惊的功效，可用于治疗风热头痛、感冒夹惊、惊痛抽搐等；所含钩藤碱具有降血压的功效。

中文名索引

拉丁名索引